廃プラ・リサイクル公害とのたたかい

――大阪・寝屋川からの報告――

廃プラ処理による公害から健康と環境を守る会 編

せせらぎ出版

目次

はじめに

廃プラ処理による公害から
健康と環境を守る会代表　牧　隆三

　寝屋川市の廃プラ問題が起こって２０２１（令和３）年で17年になります。「廃プラ」という言葉は、いまでこそ一般に使われていますが、２００４（平成16）年の春頃では「ハイプラ」って何やと寝屋川市の市会議員の間でも訊きあっていたものです。その音声は、今も私の耳に残っています。

　廃プラ問題の起こりは、１９９６（平成８）年に遡ります。それは東京都杉並区に不燃ごみの圧縮施設として杉並中継施設所が設置されてからです。そこから周辺の住民にたくさんの健康被害者が出てきました。シックハウス症状（目、鼻、喉、皮膚などに起こる）に似た病です。その原因を公調委（公害等調整委員会）が調査した結果、中継施設のごみの半分を占める廃プラスチックごみから出る有害ガス（揮発性有機化合物）が原因とわかりました。都は廃プラごみ中継所を廃止しました。

　この事件が先に起こっていたために、寝屋川市は容器包装リサイクル法に基づく廃プラ処理施設を大阪府の支援のもとに市内に建設しようとしていましたが、通常の諸手続きを、住民の反対を危惧して公聴会の開催などを避けた便法をとって施設を手早く建設しようとしたものと思われます。

　この廃プラ病ともいうべき病状は有機化学物質（炭化水素系）および、なかでも発がん性があり、シックハウス症候群の主な原因物質であるホルムアルデヒドがもっとも恐ろしい物質とされ、病状が進めば根治しにくい化学物質過敏症にまで至ると聞きます。そこで建設予定の迷惑施設は絶対に建てないでほしいと願う住民側の要望と、「廃プラからは絶対に毒は出ない」と言い張る市側との激しい対立となりました。

　公害環境問題に詳しい、宮本憲一先生（大阪市立大学名誉教授）は、日本の公害裁判では、被害者である住民が、被害を被むっている原因を立証することを要求しており、欧米のように公害が発生すれば、まず加害企業の操業を止め、加害者が加害者でないことを立証しなければならないという原理、原則が確立されていない点で遅れていると指摘されています。

廃プラから健康被害を引き起こす毒が出るかどうかはまったくの化学問題です。したがって私たちは専門の化学者先生を訪ねて廃プラの毒性、中でもホルムアルデヒドの存在を証明しなければならなくなりました。そこで、私たちはまず著名な化学専門の先生がたを訪ねて化学問題の基本から教えを請い、次いで、問題究明のご支援、ご協力をお願いしました。ここにきて、日本の人権擁護の姿勢がいまだにいかに遅れているかを思います。

ご協力いただいた諸先生の方々は、ありがたいことに率直に問題を受け止めていただき、手弁当で必要な調査をしていただき、研究問題が発生した寝屋川市東部の地域にも足をはこんでまで調査していただきました。このことは今もってたいへん感謝しております。

ご支援、ご協力をいただいた先生方は疫学では第一人者の岡山大学の津田敏秀先生、頼藤貴志先生。大気汚染化学物質、とくに猛毒のホルムアルデヒドに関しましては東京大学の柳沢幸雄先生と水越厚史研究員をはじめ、その研究室グループの皆さん、空気の流れや地形との関係には西川榮一先生。住民の臨床診断には眞鍋穣先生をはじめとする医師の方々。神経学系で化学物質過敏症に関連しては北里大学の宮田幹夫先生など。また、幅広い訴訟の弁護に今ではアスベスト問題で著名な村松昭夫先生とその弁護士団の方々。

サイエンスとして廃プラの問題で、重要な事実が新しく解明され、そのことについて証言までしていただいても、裁判官が重要な新事実として取りあげていただけなければ、正しい科学的事実に基づいて判断ができず、先へ進まなくなります。二審で裁判長が判決前に「理由骨子」という一文を読みあげて、予防原則を採択したリオ宣言の趣旨までを否定する姿勢を出されたことに、この裁判の限界を感じました。諸先生方による調査で2つの施設から住宅地に有害ガスが届いており、シックハウス状の症状が広がってきたと推定される事実が証明されているにもかかわらず、残念ながらその一つ一つを事実として取りあげていただけていませんでした。

私たち住民は、国内はもとより海外でも話題になっていない、廃プラのマテリアルリサイクルによる健康被害を体験しました。今後、廃プラの処理は重要な課題となってくると思いますので、みなさまに広く知っていただきたく、本書を上梓いたしました。

読者の方へ――前書きおよび用語解説

本書は大阪府寝屋川市東部地域で発生した廃プラスチックのリサイクル処理による、空気の汚染と健康被害をなくす住民運動の記録です。

本書を上梓した目的は、われわれが経験した空気汚染と健康被害の事実を広く世間に知っていただき、どの廃プラ処理工場でも起こりうる公害として認識していただくことです。国内にかぎらず、世界各国ではすでに早くから廃プラのリサイクルが行われています。しかし、廃プラ処理による公害が世間ではまだあまり話題になっていないことが不思議に思われます。廃プラは集積場に集積するだけで圧縮梱包においても有機化合物のガス発生があり、まして溶融成型工程ではさらに有害物質の排出が起こります。われわれの運動に協力していただいている研究者からは国際的な医学誌に論文も投稿されています。

本書でよく使われている用語、言葉の説明をしておきます。

○「**容リ協**」とは

「公益財団法人日本容器包装リサイクル協会」の略称です。その目的は、容器や包装材のリサイクル（再商品化）を進めるために定められた政府関係団体です。

容リ協の事業活動は、市町村から分別された対象となるごみを引き取り、それを再商品化事業者へ処理料を払って委託することです。処理料の財源はプラスチック製品の製造業者・販売業者・市町村から集めたお金です。

○容リ協が指定する「廃プラ」とは

容リ法では、再商品化すべきプラごみとして、プラスチックのうち、容器と包装材をあげています。また、ペットボトルも対象です。ボールペンなど、身の回りにあるプラは対象外です。

○市町村での前処理作業

本件の場合、寝屋川市、枚方市、交野市、四條畷市の共同で、一部事務組合として「北河内4市リサイクル施設組合」が設立されました。そして、この施設が寝屋川市の当該住宅地域の近くに建設されたことから、住民の健康被害が発生しました。この施設では、4市から集められた廃プラから、容リ協の指定するプラを分別し、圧縮梱包して容リ協に渡します。ここでは、年間約1万トンの廃プラを約4億円かけて処理しています。その費用は4市市民の税金で賄われています。

○再商品事業者

本件の場合、北河内4市リサイクル施設組合の隣に建設されている民間会社である「イコール社」がそれに当たります。容リ協から委託を受けた廃プラをもとに、さらに分別して、再生商品を作ります。ここではプラを加熱溶融して荷役用パレットを成型していますので、有害物質が多量に発生します。

○容リ協・4市組合・イ社の関係

4市組合とイ社はセットで大阪府と北河内、各市で協議・計画され、イ社が先行して稼動を始め、その時点からニオイと健康被害が発生しました。4市で中間処理された廃プラは、手続き上は容リ協を経過しますが、イ社が再処理を引き受けた場合は、隣の4市組合から直接廃プラを受け取ります。再処理の入札にあたっては大変有利な条件になります。

○4市組合・イ社ではそれぞれ、どんな作業から有害ガスがでるか？

4市組合では、ごみ溜め（ピット）に置いておくだけでも、さらに圧縮梱包の過程で、ガス状の揮発性有機化合物（VOC）が発生し、活性炭で除去しています。しかし後に述べる専門委員会が想定1400μg／㎥を大きく上回る、平均5000μg／㎥が排出されています。4市組合の排出ガスの成分は約90％がブタン類であり、ブタン類はそのままでは、人体への影響は少ないとされていますが、空気中で太陽の光により、ホルムアルデヒドや光化学スモッグなどの有害物質になることがわかってきました。

イ社の場合、圧縮梱包物を解砕したり、細かく切断した廃プラを加熱溶融してパレットを作る過程で、ブタン類をはじめ、アセトアルデヒドなど数百種類ものVOCが発生、排出されていることが、公調委の職権調査でわかりました（第4章　参照）。

○健康被害はシックハウスに似ている

目がかゆい・痛い、咳が出る、湿疹が出るなど、廃プラ施設の操業によって多くの住民が訴える健康異常について医師たちが検診をしたところ、主に室内で生じる化学物質によるシックハウス症候群や化学物質過敏症の症状によく似ていることが明らかになりました。

○ホルムアルデヒドが原因ではないか

柳沢幸雄・東大教授の研究室による工場周辺の大気中の化学物質調査で、多くの有害物質とともに、シックハウスの主たる原因と言われているホルムアルデヒドが室内指針値を大きく超える濃度で検出されました。柳沢教授は、二つの廃プラ処理施設から排出される大量のブタン類が太陽の光による反応（光化学反応）でホルムアルデヒドが高濃度で発生している可能性を、裁判などで指摘し、現在も専門家が調査を続けています。

○ＶＯＣおよびＴＶＯＣとは……ＶＯＣは揮発性有機化合物（Volatile Organic Compound）、ＴＶＯＣとは総揮発性有機化合物（Total Volatile Organic Compound）のこと。総揮発性有機化合物とは、ＶＯＣが大気中にガス状で存在している有機化合物全体のことです。

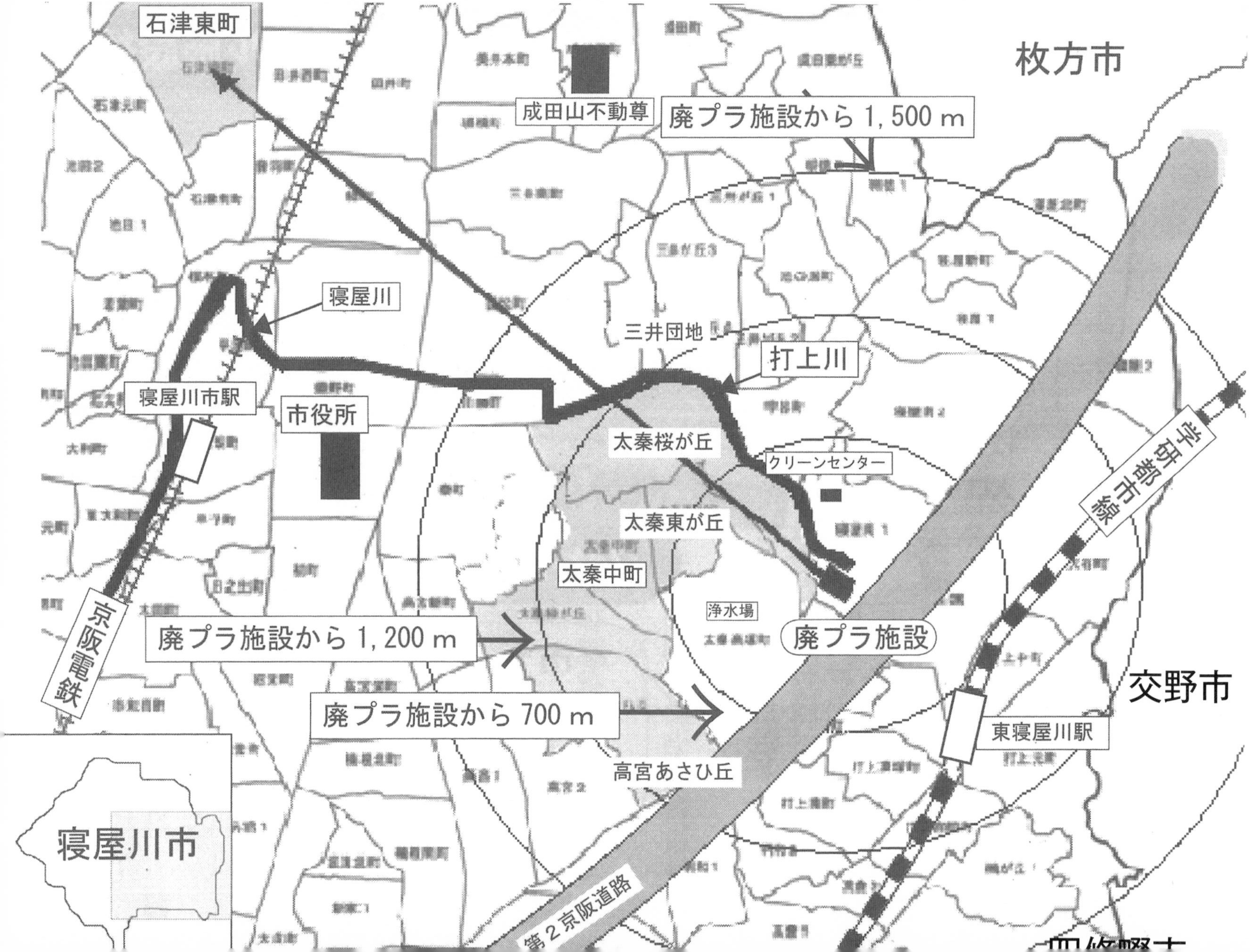

公害がおよんでいる地域（廃プラ施設から１５００ｍの円内）
グレーの地域は津田教授の調査（解析）地域
石津東町は比較対象地域で、廃プラ施設から２８００ｍ

第１章　寝屋川廃プラ運動のあゆみ

寝屋川廃プラ公害反対住民運動の始まり

――廃プラの圧縮ガスによる杉並病の学習から

２００４（平成16）年の２月、寝屋川市東部地域の住民が、向かい合って建てられる二つの廃プラ処理施設建設計画を知りました。それは寝屋川市東部の市街化調整区域[注1]に、４市（寝屋川市、枚方市、交野市、四条畷市）による「北河内四市リサイクル施設組合（かざぐるま）」（一部事務組合）による廃プラを圧縮梱包する中間処理施設、ならびに圧縮梱包された廃プラから熱溶融で再生品（運搬時の荷台）をつくるリサイクル・アンド・イコール社（以下、イ社）の建設計画でした。その二つの施設が事実上セットで作られる計画が２００４（平成16）年春に発覚したことから、二つの施設の建設、操業に反対する住民運動が始まりました。

住民が反対する根拠は、１９９６（平成８）年東京都杉並区で発生した廃プラを圧縮梱包する施設から発生した有害ガスが周辺住民の健康被害の原因であることを公害等調整委員会（以下、公調委）が認定[注2]したことからです。

注１　市街化調整区域　市街化を抑制すべき地域。農用地や環境保全のための地域などを含む。区域内での宅地造成や農地転用は規制を受ける（広辞苑）。二つの廃プラ処理施設は市街化調整区域内の農用地（田畑）に建設され、他の自治体ではほとんどない市街化調整地域での廃棄物処理場を市民にほとんど知らせることなく市長権限で、建設が進められれた。

注２　杉並病とその原因裁定　東京都が杉並区に建設した「不燃ごみ（埋め立てごみ）中継所」が稼働した１９９６年から、近隣住民がのどや目の痛み、吐き気などの健康被害を訴えた。国の公害等調整委員会は２００２年、原因物質が特定されなくても中継所から出る化学物質が原因とする裁定を出した。同中継所は２００９年３月、廃止された。（朝日新聞掲載「キーワード」の解説より）

寝屋川市の説明会に住民の怒り爆発

２００４（平成16）年４月10日、大阪府寝屋川市の秦公民館は、会場の定員をはるかに超える３５０名あまりの住民がおしかけ、熱気にあふれていました。

寝屋川市、枚方市、交野市、四条畷市の各市議会では同年３月、廃プラリサイクル施設（４市組合施設）の計画が決定されていました。この事に不安を感じた周辺８自治会長が３月初めに連名で市に説明を要求していたのです。しかし市は、市議会で、施設組合の規則を決定した後、住民説明会に応じました。

市側からは民間の建設は廃プラ処理工場でパレット（荷台）を作る施設「リサイクル・アンド・イコール社（以下、イコール社）」、もうひとつは四市（枚方市、交野市、四條畷市、寝屋川市）の中間処理施設で、ともに循環型社会形成（リサイクル推進）の国策に沿った施設であるという説明が続きました。しかし、その途中から住民は、

「これ以上そんな話は聞きたくない」

「なんでここに建てるのか」

「いままでにわれわれになんで一言の説明、相談もなく建てるのか。それでは住民不在の行政ではないか」

住民1000人余りが抗議のデモ　2006（平成18）年3月12日

「民間の操業は安全であるのか」

「東京では杉並病（第2章参照）が起こったやないか。同じものが起こるのとちがうか」

などの質問と抗議の声が続きました。これに対し市側は、

「この地に選んだのは、将来第二京阪国道が通る。四市の中間にこの地があり、第二京阪国道路と隣接した地が作業に一番便利である」

「住民に相談がなかったことに関しては、すでに諸手続は決まったことである。われわれ部長以下が皆さんの言うような要望に応える立場にない。すべて都市計画審議会（イ社）や4市市議会（4市組合）で決まったあとの仕事をするのがわれわれの仕事だ」

と答弁。

また「安全かどうかは心配いらない。杉並病のごみと、寝屋川市のごみはちがうから、絶対にそのような問題は起こらない」と述べ、

「都市環境を良好に守るためにある市街化調整区域に建てるとはおかしいではないか」との住民の指摘にも、市は
「建築基準法51条ただし書きによって、法手続きはとっている」との説明。

あとは「絶対に安全」と繰り返すばかり。

それでは納得できないという空気がいっぱいで、「次には責任ある回答のできる人が出席するという約束」で終わりました。

しかしその翌日、住民側の事務方に市から次の会合は開かないという連絡が伝えられたまま、今日に至っています。

「廃プラ処理による公害から健康と環境を守る会」結成

2004（平成16）年4月10日の寝屋川市の説明を聞き、市が住民の声を聞かないことを知った住民は施設周辺の自治会で構成する「廃プラ処理による公害から健康と環境を守る会」（以下、「守る会」、代表牧隆三・高宮あさひ丘自治会長、）を結成しました。

さっそく、4月末より、周辺自治会を中心に二つの施設に反対する署名運動がはじまり、5月末までに、8万筆を集め市長に提出（写真、市役所前に署名を積みあげ集会）、市との話し合いを始めました。しかし馬場市長は、施設建設の推進を繰り返しました。当時、巷間では市長と業者の利権関係が取りざたされていました。

8万名の署名運動と市・府へ訴え、さらに仮処分申請

2004（平成16）年、一ヵ月で集めた8万もの市長あて要望書を6月に提出。さらに市議会への意見書署名8万筆を11月に提出、一部議員の賛成があったものの反対多数で否決。二つの8万署名はいずれも却下されました。当時、寝屋川市の人口は24万人。

そこで「守る会」は、イ社の建設許可権限を持つ大阪府の知事に認可をしないことを申し入れしました。

またイ社の立地、開発に関わる寝屋川市の開発審査委員会と建設審査委員会に不許可の申請を行いました。

結果は住民の不安な気持ちはわかるとしながら、却下されました。

さらに、この年8月、大阪地方裁判所にイ社の建設不許可の仮処分の申請を行いました。仮処分の申請人は646名でした。

8万名の署名を積み上げ市役所前集会

専門委員会の設置と審議結果

市は、署名の多さに驚いたのか、「守る会」に4市組合施設についての専門委員会設置を提案してきました。

9月には4市施設の安全性を検証する専門委員会を立ちあげました。専門委員の多数は市が推薦、ほとんどの方は水の専門家であり、住民推薦は、柳沢幸雄・東大教授（大気環境とシックハウス病の専門家）、植田和弘・京大教授（環境経済学会会長）でした。柳沢幸雄、植田和弘の両教授は、翌年3月まで行われた専門委員会にすべて出席し、4市施設建設反対の意見を主張されました。

審議の結果、廃プラは集めて置いておくだけでも有害物質（総揮発性有機化合物＝ＴＶＯＣ）が発生することが確認されました。市側委員から4市施設からのＴＶＯＣの排出は、1㎥

あたり1万4000マイクログラムになるから、活性炭で90％除去して1400マイクログラムにコントロールすべきとし、その数値を参考値として電光掲示板で住民が見えるところに設置することを求めました。これにより、4市組合から排出されるガス（TVOC）の濃度の測定値を、電光掲示板に掲示し、市民がわかるようにすることが決まりました。

柳沢、植田両先生は健康被害が発生する危険があること、化学物質を活性炭で除去するには膨大な費用がかかることなどを主張し、施設建設に反対する意見が専門員会の報告書に記載されました。

4市組合門前に、電光掲示板が設置され、排出ガス（TVOC＝総揮発性有機化合物）の排出濃度を示している。廃プラ処理施設には基準値がないため、一審判決後、当初の参考値を200倍以上に変更する恣意的な表示に変え、現在も続けられている。ここで掲げられている参考値には何の法的根拠もなく、専門委員会が装幀した数値の数倍から30倍以上高濃度です。

仮処分の決定

仮処分の決定は「廃プラ処理により人体に有害な化学物質が排出されるが、100m離れると1000倍に薄まり住民には影響しない」と不当な決定でした（詳細は39頁）。

大阪地裁に本裁判を提訴

――大法廷での公判に傍聴者はいつも満席

2004（平成16）年秋、イ社の操業が始まると、地域はニオイが漂う街になりました。私たちは、公害問題に詳しい弁護士に相談。2005（平成17）年7月、大阪地方裁判所に「イ社の操業停止ならびに4市組合施設の建設中止」をもとめ、本裁判の提訴を行いました。

原告は各地域を代表する24名でした。弁護団は、村松昭夫団長（泉南石綿裁判副団長）をはじめ当初5名、最終的には7名になりました。

住民は、イ社から排出されるガスの異臭を「ニオイ」と呼び、どこでどんなニオイがしたか、メールで情報を集めました。

また、付近の住宅街を熱心に歩き、鼻で嗅ぐ活動をする方がおられ、「守る会」の役員会でそのことが報告されました。この方は、病院での治療でも咳や鼻の異常が治らず、他県に引っ越されました。

ニオイ調査の結果は、裁判所に意見書として提出されまし

2008（平成20）年12月4日、廃プラ裁判報告会（寝屋川市民会館大ホール）

たが、裁判所も公調委も、住民にとって歴然としたニオイの事実を「他の臭いかも知れない」などの理由で最後まで認めませんでした。

京大で環境問題を研究しており、この地域に住む学生さんが、この時のニオイ調査に参加され、後に法学部に転部し、弁護士となって弁護団に加わったことは感慨深いものがあります。

一方、ニオイの事実を調査をすることもなく否定する司法や国の姿勢に、私たちは大きな疑問を抱かざるを得ません。

津田教授らに疫学調査を依頼、その調査に協力

広範囲にわたって出現するニオイを感じる有害ガスの発生源はどこか。そしてどのような健康被害が起こっているのか。この問題は、公害の立証をするうえできわめて重要でした。公害の事実の因果関係を明らかにするには、こうした問題が全国的にも調べられていなかったなかで、統計技術を駆使して解明する疫学調査[注2]によるしか方法はありません。

注2 疫学とは、病気（結果）と発生源（原因）の因果関係を明らかにするもの。

そこで疫学の専門家である岡山大学医学部で環境疫学の専門家として著名な津田敏秀教授に調査を依頼、２００６（平成18）年7月から8月にかけて、太秦と高宮あさひ丘の７つの自治会の全員調査を目的に行われました。

その調査の詳細は、第3章で明らかにしています。その調査結果の報告書が裁判所に意見書として提出されました。

専門家によるシンポジウムなど数々の学習集会開催、ニュース発行

私たちは、岡山大学・津田教授による疫学調査結果が、私たちが体験している事実とみごとに合致していることや、医師団による検診結果で住民の健康被害の症状が化学物質によるシックハウス症候群であること。東京大学・柳沢幸雄・教授による空気中の化学物質の調査結果、また、西川榮一・神戸商船大学名誉教授の指導による、廃プラ工場からの排出された化学物質が地域にたまったり住宅街へ流れる実験結果など、専門家などによる報告集会を大ホールだけでも７００名規模で４回行いました。廃プラ施設周辺の他の地域でも、数ヵ所で報告集会を実施しました。

とりわけ、住民運動の取り組みの報告について、「廃プラウオッチングニュース」をこれまで90号発行、配布数は毎回２万数千枚を周辺地域、駅前や枚方市、交野市、四条畷市の市役所前でも配布。４市の議員や環境部局にも配布してきました。カラーチラシの全戸配布10万枚の配布を寝屋川市で３度行いました。

裁判の公判や公調委での審理にあたっては、大阪裁判所の大法廷をいっぱいにする傍聴者が集まりました。公調委での審理は当初、東京で２度行われましたが、大阪での開催をもとめ、初めて大阪での審理が行われ、そのたびに１００名近い住民の傍聴が行われました。

大阪高等裁判所での２審にあたり、裁判所前で７回にわたり、ウオッチングニュースの特別号を作成、配布し、公害問題の第一人者である宮本憲一・大阪市大名誉教授の談話などを掲載し、広報活動につとめました。

マスコミからも多数の取材が

住民運動は、とりわけ一審判決の前に、各新聞、テレビ、週刊誌などの雑誌からの取材に応じ、ＮＨＫの東京の本局からも取材があり、報道されました。

毎日新聞の２００８年の連載記事では、「イ社で作っている再生品の価格６００円に対し、製造コスト５０００円」と報道され、大きな話題になりました。

また、雑誌「宝島」でも取りあげられ、廃プラ施設強行の裏側が知らされました。

また、イコール社の親会社から現職の政治家への違法献金

疑惑が新聞記事にスクープされ、市民有志が大阪地検に告発しましたが、大阪地検は「調査不十分で時効」としました。

多くの市民団体から応援を受け、被害住民自身が積極的に行動

「守る会」は問題が起きた当初から、基本的人権の大きな問題であると位置づけ、保険医協会、大阪民医連、喘息被害者の会、大阪から公害をなくす会、日本環境会議、環境学会、科学者会議など多くの団体や専門家などに支援を要請。激励のコメントが多く集まり、ニュースに掲載しました。とりわけ、イコール社の建設、操業を認めた大阪府との交渉では大阪から公害をなくす会の支援がありました。

住民の陳述書（130名）などの提出、健康被害の検診に数百名の方々が参加。大阪地裁、高裁の判決後に行った公害等調整委員会（以下、公調委）への原因裁定の申請人は73名にのぼりました。

住民の陳述書の作成には、弁護団による聞き取りが丸1日かけておこなわれました。

裁判や公調委の審理の場で、多くの住民の意見陳述が行われました。

しかしながら、仮処分に続き、大阪地裁、高裁は、住民の健康被害の実態を自ら調べることなく、また各界の専門家の調査にもとづいた意見書をことごとく否定するという、常識では考えられない結果になりました。

廃プラ公害反対の市長候補が得票率45％

2017（平成29）年4月の市長選挙では、「守る会」は推薦しませんでしたが、廃プラ公害に反対する市長候補・長野邦子氏が、有志の応援を得て得票率45％を獲得、住民運動に弾みがつきました。

公害等調整委員会に「原因裁定」を申請

三度の裁判で不当にも公害の事実が認められなかったことから、政府の機関である公害等調整委員会（公調委）に原因裁定を2021（平成23）年2月申請しました（詳細は第4章）。

市長がかわり、問題解決への道をさぐる

２０１５（平成27）年４月の一斉地方選挙では、廃プラ処理公害を直視し、政策の見直しを表明された北川法夫氏が、それまで廃プラ施設を推進してきた市長の後継者を破って新しい市政が生まれました。また、２０１９年の選挙では北川市長の後継として新市長が生まれました。

（新市政のもとでの廃プラ問題の経過は、資料編のウオッチングニュースに掲載）

第１回シンポジウム。寝屋川市民会館大ホール。関係自治会などから700名参加。2004（平成16）年8月1日

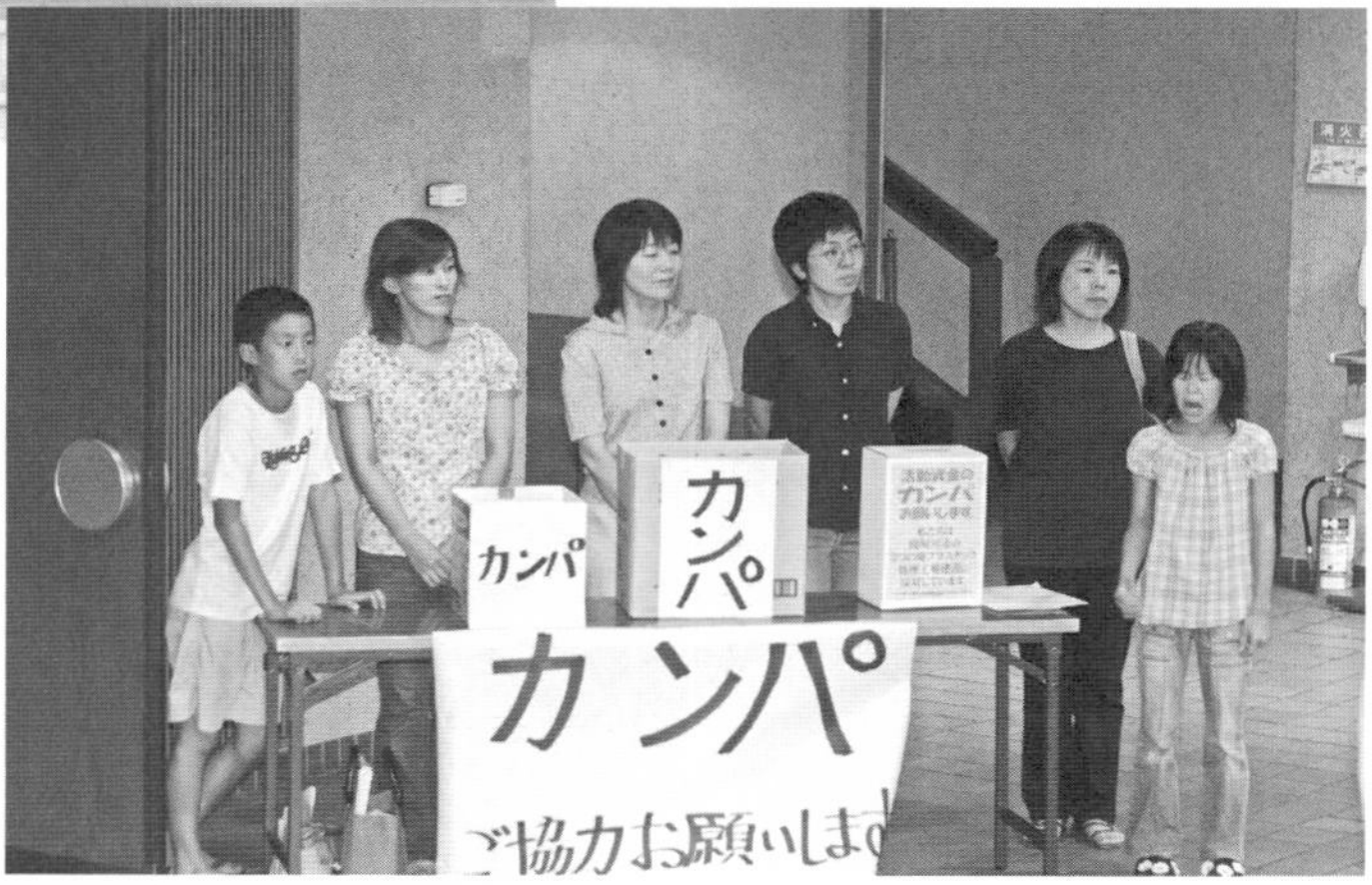

シンポジウムのカンパ活動
（10万～30万円のカンパあり）

柳沢幸雄・東京大学教授
村松昭夫・弁護団長

植田和弘京都大学教授
勝木渥・元信州大学教授
樋口泰一・元大阪市大教授

第2章　住民の健康被害の実際

シックハウス症候群の症状が多発

2004（平成16）年秋から試験操業を始めたイ社からのガスの異臭が住宅街に漂い、同年末ごろより眼、鼻、喉の異常、湿疹などを訴える住民が増え始めました。

施設周辺の住民の裁判所への意見書・陳述書から

2005（平成17）年春、イ社の操業が本格的に始まってから太秦《うずまさ》や高宮あさひ丘、また三井団地などの住民に、いろいろなタイプの健康異変が出始めました。実例をあげると、

○初めてぜん息が

私は廃プラ施設から300m余りの太秦東が丘に住んで15年になります。2005（平成17）年ごろから、主人は咳がでるようになり、私も手の甲にブツブツが出始め、そのうち身体のあちこちにアトピー症状が出て、はじめて喘息の発作が出ました。

京都の畑へ仕事に出かけるとかゆみの症状がいくぶんかましになります。しかし家に帰ってくるとまた同じ咳が出始めます。

○離れて住むと薬もいらない

最近、家を建て替えるために主人と2人で廃プラ施設から1000mほど離れたところに仮住まいしましたが、喘息の薬がいらなくなるくらい軽くなってきました。しかし、家ができて戻ってきたら、また咳が出始めました。このあたりでは症状の出る人も出ない人もおられるし、場所によって臭い

の強さもちがいます。家のあたりは悪い空気が淀んでいるように感じています。毎年秋口になるといやなニオイが強く感じられます。

○中枢神経機能障害の診断

２０１０（平成22）年６月、夫と東京の化学物質過敏症の専門医（北里大学名誉教授）に検査してもらい、２人とも自律神経失調、中枢神経障害と診断され、ショックです。

○孫がかわいそう

孫のことですが、すこしアレルギーを持った子でしたが、だんだんとましになって来ていました。ところが廃プラ施設が稼動を始めた２００５（平成17）年春ごろから、アトピーのようなものが肩・首・手などにひどく出だしました。ぜん息がひどくなり、今まで続けていた治水公園でのランニングをやめました。家の建て替えの間、この子たちは廃プラ施設の近くに仮住まいしてたので症状は変わりませんでした。今も首筋にひどい症状がでています。孫が可哀想です。

○わが家に一大事件が

「廃プラ施設が操業以降、いやなニオイと眼や喉が痛いなどの症状が出ました。ご近所の方も口々に訴えられ、しばらくして、定年で家にいるようになった夫は、両足に湿疹ができ、冷や汗がでる、めまいがするなど、薬で治らない症状に苦しんでいます。

わが家に一大事件が起こりました。昨年春、突然、娘の身体中、とくに顔が真っ赤に湿疹ではれあがり、専門医である眞鍋医師の指示で、大阪市内のホテルに1ヵ月避難して、治療を受けました。一時は、どうなるかと一晩泣き明かしました。一日も早くきれいな空気に戻してください。

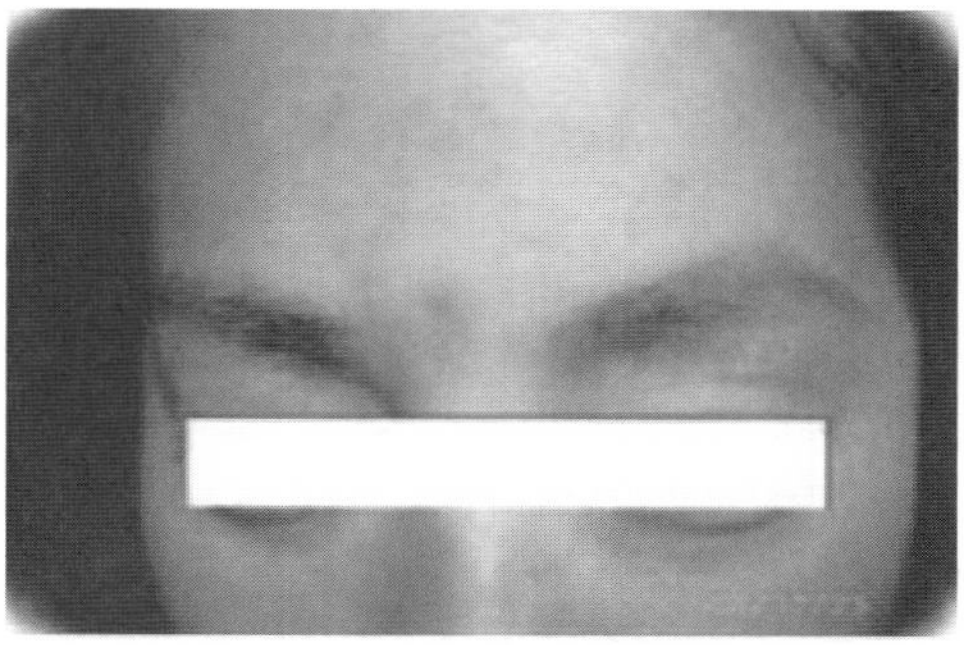
顔から全身、真っ赤に腫れあがった娘さん

○野球選手の夢が

中2の長男は、小さいときのぜん息もすっかり治ったと思っていたとき、廃プラ工場からの異臭が家の中にもするようになり、息子のぜん息がひどくなりました。プロ野球選手をめざしていましたが、友達とも遊べなくなり、長いあいだ1年半も病休になり、心配の毎日が続きました。去年、家族4人で京都に出かけた時は症状が出ず、寝屋川に帰ると家族全員咳が続くなどの経験から、廃プラ施設からの汚染空気が原因と考えます。東京の専門医の診断を受け、脳神経に影響があると言われショックです。

○一家で奈良へ引っ越す

廃プラ工場操業後、湿疹や鼻水など治りませんでした。２００６（平成18）年３月、娘と二人、ひどい頭痛や息苦しさがたまらず、家財道具を置いたまま、奈良に引っ越しました。化学物質過敏症と診断され、完治まで年月がかかりそうです。

○寝屋川に戻ると

廃プラ工場操業後、ぜん息が治っていた小学生の子が再発し、学校を1年半休みました。京都に行ったとき、どうもなかった家族が、寝屋川に戻ると全員セキに苦しみました。東京の宮田先生に息子と受診し、自律神経失調、中枢神経機能障害の診断を受けました。

○化学物質過敏症に

小さい時のぜん息が治っていたのに、再発しました。今はニオイだけでなく、洗剤などいろんな化学物質にも反応し、味覚障害、湿疹やセキなどの症状に苦しんでいます。天満橋の専門医や東京の宮田医師から化学物質過敏症と診断されました。

○健康に自信がありましたが

体に自信がありましたが、寝ていてニオイを嗅ぐとセキが出はじめ朝まで眠れないなどの症状で、妻もしんどい目にあっています。若いとき特攻隊で亡くなった仲間の慰霊を続けるためにも、長生きせねばと思っています。子や孫のためにも一日も早くきれいな空気を取り戻したい。

○ぜん息を発症した孫

３年前まで住んでいた廃プラ施設に近いマンションでは、窓を開けると臭いが入り、眼やノドが異常になり、また小学生の孫がぜん息を発症。たまらず、引越しをしたら孫のぜん息は治りました。

○帰宅すると

大阪市内の会社ではどうもないのに、帰宅すると鼻水がどんどん出たり、頭の中やいろんなところに湿疹が出ています。（公調委裁定委員が頭を見て湿疹を確認）

○薬で治らない

最初、眼が痛くなり、その後、鼻水が年中とまらないなど、薬でも治りません。京都の孫を呼んで、治水公園でも遊ばせることができるようにしてほしい。

○ふくらはぎに湿疹が

イ社の操業後2年ほどたってふくらはぎに直径10数センチの湿疹が出、あまりかゆいので国立南岡山病院に1週間入院し、シックハウス専門医から「大気のせい」と診断されました。

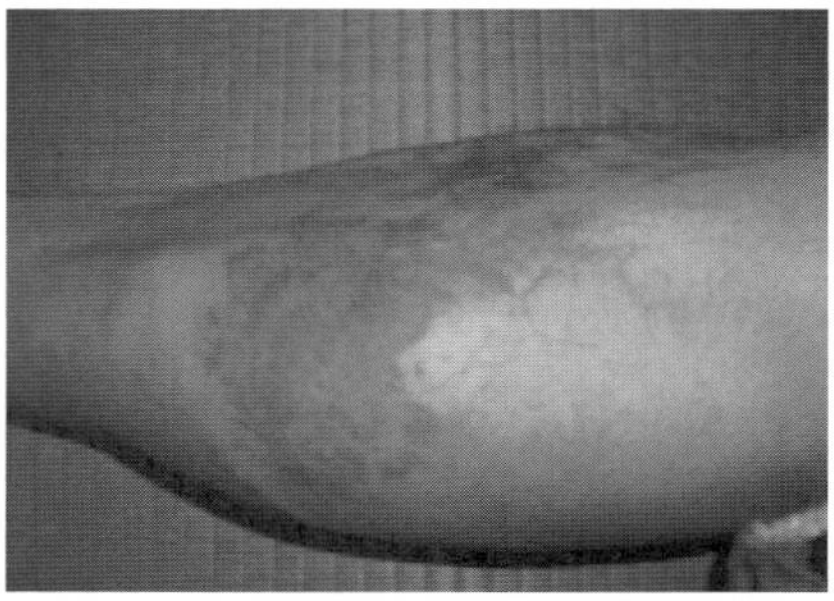

足にベットリ湿疹が

健康被害の範囲

公害が起きた地域は、寝屋川市北東部から交野市西部の北生駒山系の丘陵地域です。4市施設とイ社を発生源とみて、2施設を中心に半径およそ2〜3㎞の地域が判明しました。

宮田幹夫（北里大学名誉教授）氏による検診結果

廃プラ病と診断された寝屋川の患者11名が2010（平成22）年に、東京まで行って化学物質過敏症の権威である宮田幹夫・北里大名誉教授の検診を受けました。その結果は意見書として控訴審に提出されました。

宮田幹夫名誉教授の意見書から一部を紹介します。

受診した人全員に神経系の機能障害が

今回の患者11名全員に、神経系の機能障害が生じていることが証明されています。患者の愁訴は決して気分的なものでも、精神的なものでも、ましてパニックなどによるものでは決してありません。自律神経系および中枢神経系の身体的な不調から生じているものです。診療には問診が一番重要ですが、患者の問診と発症時期から考えても、患者が述べているプラスチックマテリアルリサイクル施設の稼動からの大気汚染が発症に関わっている可能性は充分検討される必要があります。また空気汚染からの症状には、粘膜刺激症状、神経・精神症状、アレルギー症状を伴いますが、今回の症例はその典型です。

杉並病の患者を診てきましたが

廃プラのマテリアル（材料）リサイクル施設では、プラスチックの破砕と溶融という処理が行われます。破砕時にプラスチックの破砕面でズレの力が働き、その折にズレ面で高熱が発生します。当然その破砕面からガスが発生します。この問題は、東京都の杉並区のゴミ中継処理場での健康障害患者多発時にもすでに問題となりました。(略) この杉並病の患者の診療に私は当初より従事し、現在もその後遺症の患者の診療に従事しています。この際に神経機能の検査を行っております。今回行ったような自律神経機能検査、眼球追従運動検査を中心に検査を行い、明瞭な異常が検出されていました。

杉並よりも強い大気汚染

今回はプラスチック溶融という、さらに高温の処理が行われていると聞いています。大気汚染は杉並ゴミ中継処理場よりも、さらに強いと考えざるを得ません。患者たちは異臭を訴えています。なお杉並病当時は、空気汚染化学物質で容易に平衡機能障害が生じるということがわかっていなかったので、平衡機能検査は行っていませんでしたが、今回は行いました。眼球追従運動障害が強ければ、肉眼でも充分判定できるために、今回は、眼球追従運動検査は肉眼で検査を行いました。このような検査で受診患者全員に神経系の異常が検出されたことは中毒性の環境汚染と考えざるを得ません。

下図の○部分を拡大

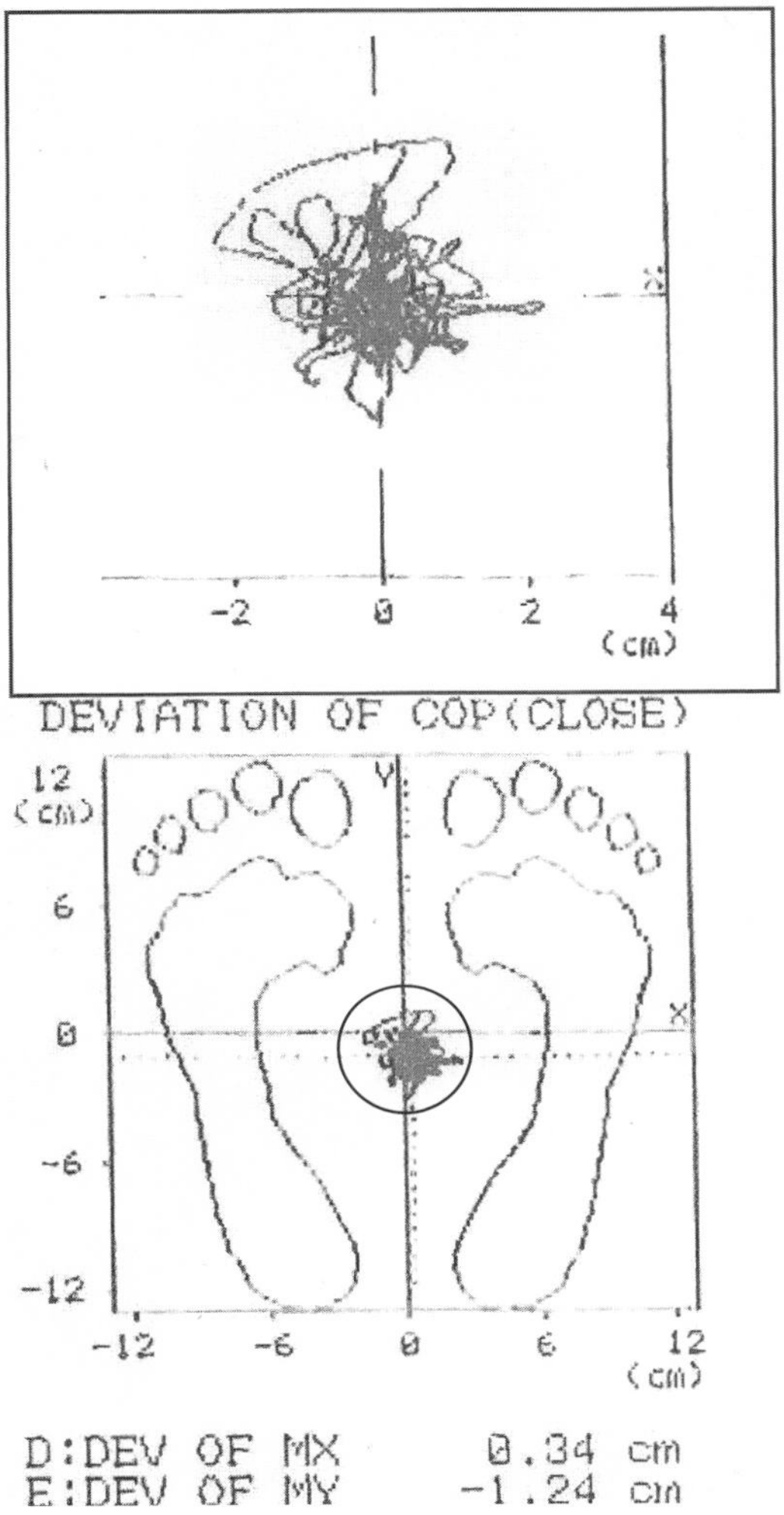

平衡機能検査結果

環境起因性の疾患では、その場を離れると症状がやや改善し、その場に戻ると症状が悪化することが常識です。一般に平衡機能は比較的早く改善されますが、自律神経失調の回復には長期を要します。自律神経機能には障害がなお明瞭に認められますが、平衡機能障害は軽度しか検出されませんでした。いずれにしろ、今後も長期の健康管理が必要です(検査図は63頁参照)。

特徴は症状の種類が多いこと

解毒機能には個人差が大きいことはよく知られていることであり、発症する人も、発症しない人もいます。水俣病と同様です。また出現してくる症状も、人によりまちまちです。症状の特徴を強いてあげれば、症状の種類が多いことです。

人は、一日に15～20㎏の空気を体内に取り入れます。飲食物は解毒のための関門として肝臓が用意されております。これは腐った物を食べることが多い生物としては当然の対応です。ところが、空気汚染化学物質には、このような関門はなく、直接血液や脳に化学物質が溶け込みます。空気汚染化学物質がこわい理由です。神経系に障害が生じやすいのは、このためと考えられます。

空気汚染は逃げ場がない

このように空気汚染化学物質からの健康障害を防ぐために、厚労省は室内空気の指針値を用意していますが、これは、一般家庭内で発生しそうな汚染化学物質を13種類指定しているだけです。その後も、この指針値のみでは充分でないことから、換気をすすめています。当然大気はきれいであることを前提にしているわけです。環境汚染化学物質は13種類だけではありません。それのみの指針値に抵触していないからと言って、放置されるべきものではありません。患者が一定地域に多発していることが、一番意味があるのです。なお、空気汚染化学物質は空気より一般に比重が大きいために、下方に溜まります。大阪のシックハウスの例では、ハムスターがまず死に、ついで金魚が死に、子どもが発症し、最後に大人が発症しています。T君飼育の小動物は次々に死亡しています。今回の診療では小児は一人しか入っていませんが、物言わぬ小児ほど影響が強く出ている可能性もあります。空気汚染化学物質曝露は、逃げ場がないのです。

一生を棒に振る可能性も

なお、今回の患者では、いまだ一部の方しか化学物質過敏症までには至っていませんでしたが、むしろ神経系に機能障害を生じせしめている中毒的な側面が全員に強く出ていると考えられます。しかし、今後もこのような大気汚染下での生活が続くとアレルギー患者や化学物質過敏症患者などが多発してきます。現在のような中毒的な状況からの症状の改善はまだ比較的容易ですが、アレルギーや化学物質過敏症のような過敏反応が生じてくると、難治性であるばかりでなく、一生を棒に振ってしまう可能性もあります。過去の杉並病がよい例です。

関係各位の早急な環境改善と患者救済の対応が望まれます。

報告・廃プラ処理施設周辺住民の健康被害の特徴について

阪南医療生協診療所所長
眞鍋　穰

眼・鼻・喉の粘膜刺激症状、皮膚症状、神経症状、臭いでの症状誘発が特徴

筆者らが診察希望者を把握するために作成配布した問診表の集計結果（１８８５軒、４６６０人に配布。記名有症状回答数５２５。２００９年6月29日時点集計結果）。対象地域住民４６６０人中何らかの症状のある方が５２５人、11・３%、そのうち粘膜刺激症状（目49・３%、鼻56・４%、のど35・４%、せきたん32・６%）が多く、蕁麻疹や湿疹などの皮膚症状32・２%、なんとなくしんどいという全身倦怠14・３%や頭痛吐気10・７%などの神経症状が続く。また、臭いを感じる人の数が多く、「感じる」＋「感じることがある」＝３４１人（64・9%）「廃プラのニオイを感じたとき、身体に異状を感じますか」との質問に対して、「異状を感じる」が22・６%。また、悪臭に伴う嘔気や気分不良、眼やのどの痛みを訴える住民も多く認められた。

症状誘発は地域との相関が高い

筆者が直接担当した住民健診（対象　男性６人、女性14人、年齢25～80歳、居住年数10年以上18人）でも同様の特徴を有していた。こうした症状は外出して自宅周辺を離れたり、旅行に行くと軽快あるいは消失すると訴えており、居住地域と症状の相関が高頻度で認められるという特徴があった。

※真鍋穰医師は２０１４（平成26）年10月より、月１回、寝屋川市内の病院で廃プラ健康被害の診察を現在も続けておられます。

第3章　廃プラ問題の科学的検証

寝屋川廃プラ公害は寝屋川市、大阪府、大阪地裁（仮処分と本裁判）、高裁、公害等調整委員会により健康被害の事実が葬り去られましたが、各分野の専門家、医師による科学的調査によって寝屋川廃プラ公害の実態が明らかになってきています。その検証結果を記します。

◎廃プラガスの特徴

――専門委員会調査では想定外だった

廃プラガス多種類の未知物質のなかでも多くはブタン類

４市組合は２００８（平成20）年の操業後に排出ガスの調査を行い、その多くはブタン類であることがわかりました。すなわち、４市組合が操業後に行った廃出ガスの調査報告によれば、廃プラ施設から排出されるＴＶＯＣのうち約80～90％がブタンとされています。このことは専門委員会報告書には何も書かれていません。専門委員会の調査と報告書が実際とかけ離れたものであることは、この点でも明白です。

４市組合は、「ブタンは人体に無害だから大丈夫」と言っていますが、後述するようにブタンは大気中で太陽光などにより、ホルムアルデヒドや光化学スモッグなどの有害化学物質をつくる原因物質です。このメカニズムは環境省が公表していることを柳沢教授が指摘され、後で述べるように住宅街で行ったホルムアルデヒドの連続測定で確認されました。

このことは専門委員会の調査でもまったく明らかにされていません。結局、専門委員会が排出ガス＝ＴＶＯＣについて行った調査、検討は実際とかけはなれたものであることが明らかになっています。

裁判終結後、公調委による職権調査で廃プラ処理による排ガスから数百種類の未知物質を含む有害ガスが検出されました。その多くは、有害性の科学的調査が行われていませんが、公調委は、健康を害する化学物質は住民の住むところには届いていないと推認したとし、申請を却下する決定をしました。

◎柳沢研究室による大気中の化学物質調査

柳沢幸雄先生のこと
——住民運動に研究室あげて協力

柳沢先生は当時、東京大学大学院・新領域創成科学研究科・環境システム学専攻・教授でした。また、大気環境学会の副会長やハーバード大学の特任教授などを歴任され、化学物質過敏症の研究者でもありました。

２００５（平成17）年、４市組合の専門委員会の委員として「守る会」が推薦した廃プラ施設建設反対を植田和弘・京大教授の意見書とともに提出されました。裁判、公調委の取り組みでも、研究員を派遣されるなど一貫して調査活動を推進していただきました。

ここで裁判と公調委に提出した柳沢意見書から大気中化学物質について現地調査をされた結果を記載します。これは世界でも初めての廃プラの材料リサイクルによるガス公害における化学物質調査の実績になると思います。

多くの未知物質をふくむ化学物質の発見

柳沢研究室は、イ社周辺と施設から約２㎞離れた市役所周辺の空気中の化学物質を測定、廃プラ施設周辺の空気は市役所と比べ未知の物質が２倍多いことを明らかにしました。

未知の物質が 市役所付近の **2倍以上**

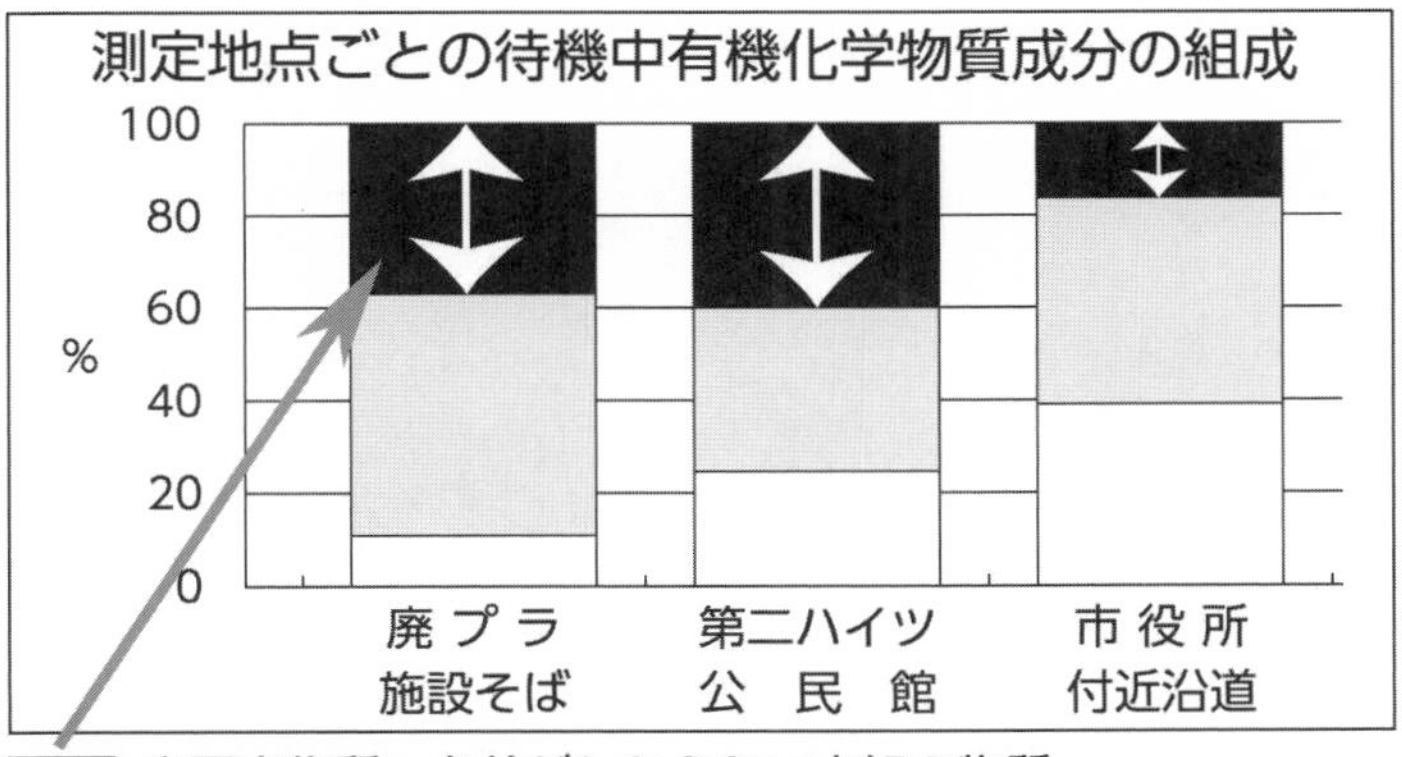

■ 未同定物質—名前がわからない未知の物質。
柳沢教授は「未知物質は推定有罪」と言われています。

□ 同定物質—規制値がない名前がわかった物質。

□ 規制対象物質—規制値がある物質。
大気環境基準は4物質のみ。

柳沢教授の調査で100種類以上の化学物質を検出。
市と府が調査し、市広報で公表しているのは、規制対象物質の11種類のみ。これで安全とはとてもいえません。

さらに柳沢教授は、施設周辺の空気中の化学物質の種類と濃度を分析、１００種類にも及ぶ化学物質を検出。裁判所へ意見書を提出されました。大事なのは、検出された化学物質のほとんどが、日本では環境基準がきめられていない化学物質であり、そのうち40％が名前もわからない物質であることです。

廃プラ施設周辺と住宅街の化学物質の濃度変動の類似を証明

さらに詳しい調査をするため、２００６（平成18）年10月から11月にかけ研究室から研究員を派遣。２施設に隣接したＦ宅と施設から５００ｍ離れた地元の太秦第二ハイツ自治会の公民館にＴＶＯＣの連続測定器を設置、ＴＶＯＣの濃度比較を行いました。

この時の測定結果は住宅地でニオイが強い時にＴＶＯＣの濃度が高くなることがわかり、施設からのニオイとその物質が住宅地に届いていることに測定上も確信を持ちました。

下の図をみると、どちらもＴＶＯＣ濃度が夕方から上昇し始め、朝方にかけて減少する傾向がよくみられました。同様に測定した鉛直方向の温度の差の傾向（夜間に地表面の温度が低い）から、空気の対流を止める接地逆転層の形成も示唆され、夜間に汚染物質が希釈されずに高濃度になっている

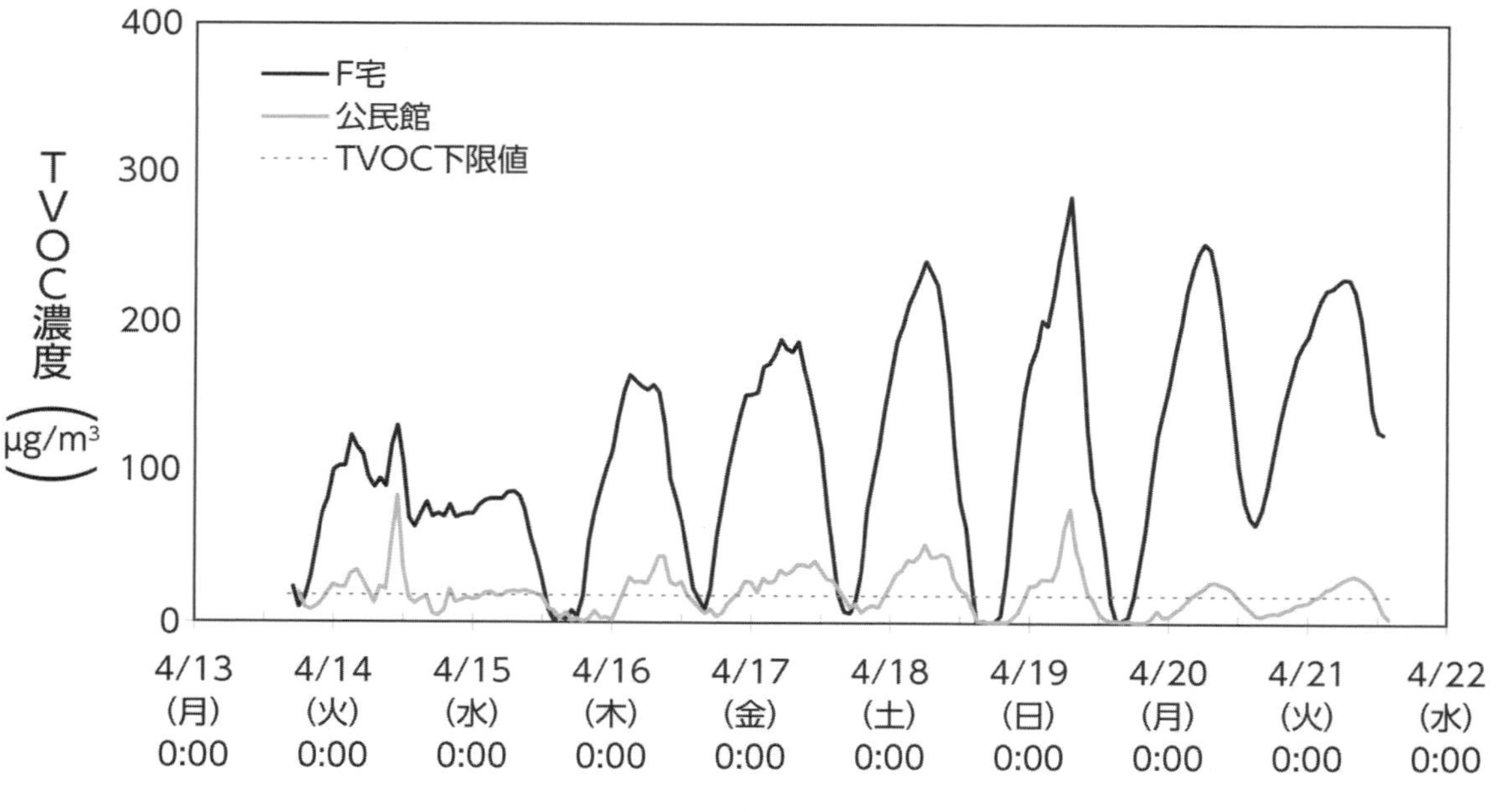

ことが考えられます。

そして、２００９（平成21）年４月には簡易測定ではなく、公定測定法に基づくＴＶＯＣの測定を施設直近のＦさん宅と４５０ｍ離れた太秦第２ハイツ公民館で７日間連続で実施しました。

柳沢研究室が住宅街でのホルムアルデヒドの高濃度を発見

柳沢研究室による住宅地域のＴＶＯＣ測定によりホルムアルデヒドが高濃度が発見されました。

２００９（平成21）年４月のＴＶＯＣの精密測定で、施設の直近でも、太秦第２ハイツ公民館でも猛毒のホルムアルデヒドが測定されました。とくに公民館では１週間のうち２日の測定において高濃度の時間が観測されました。

下の図の円グラフは種類別成分比について平均値を示しています（図中、種類名の次の数字は平均濃度μｇ／㎥）。

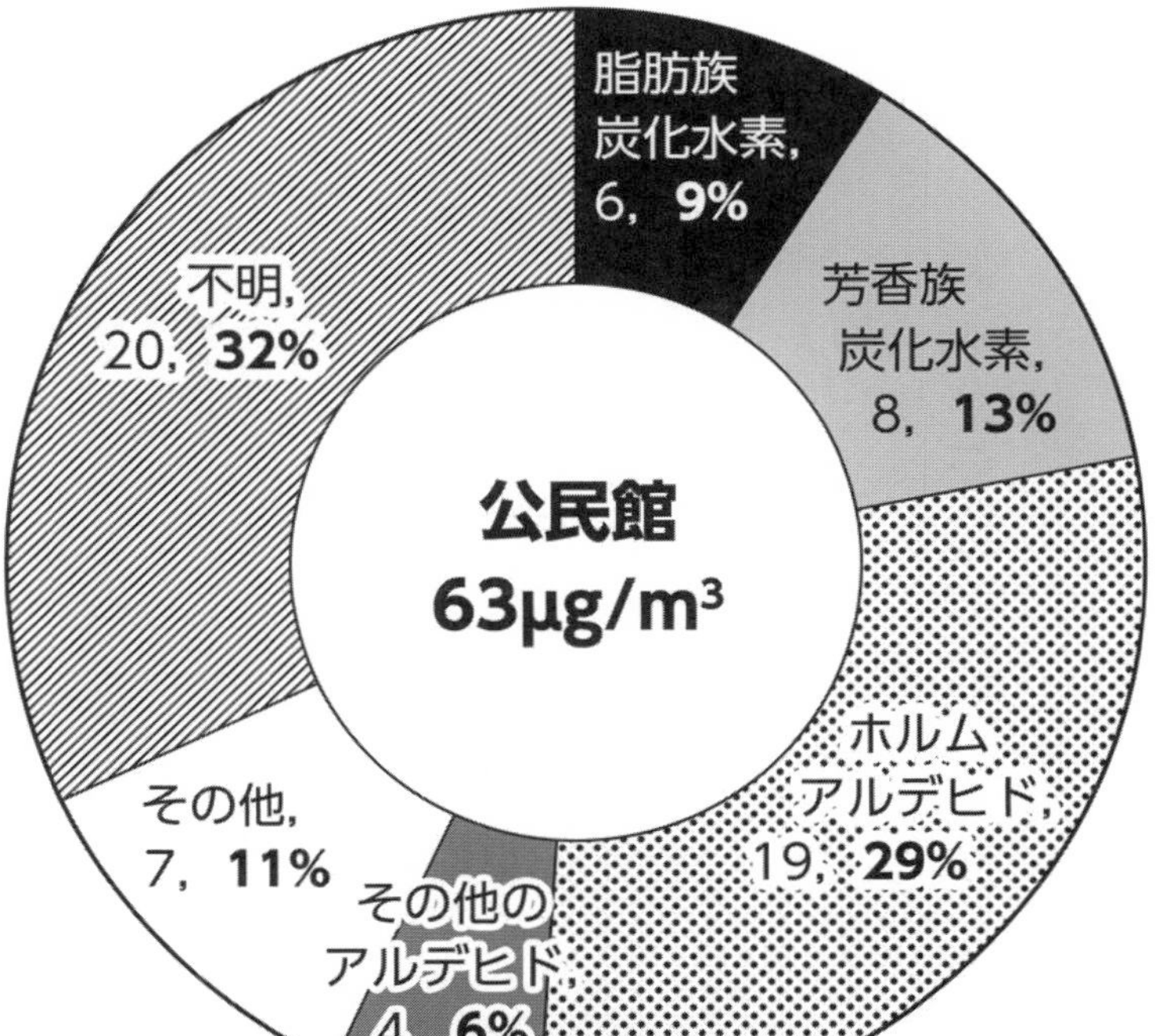

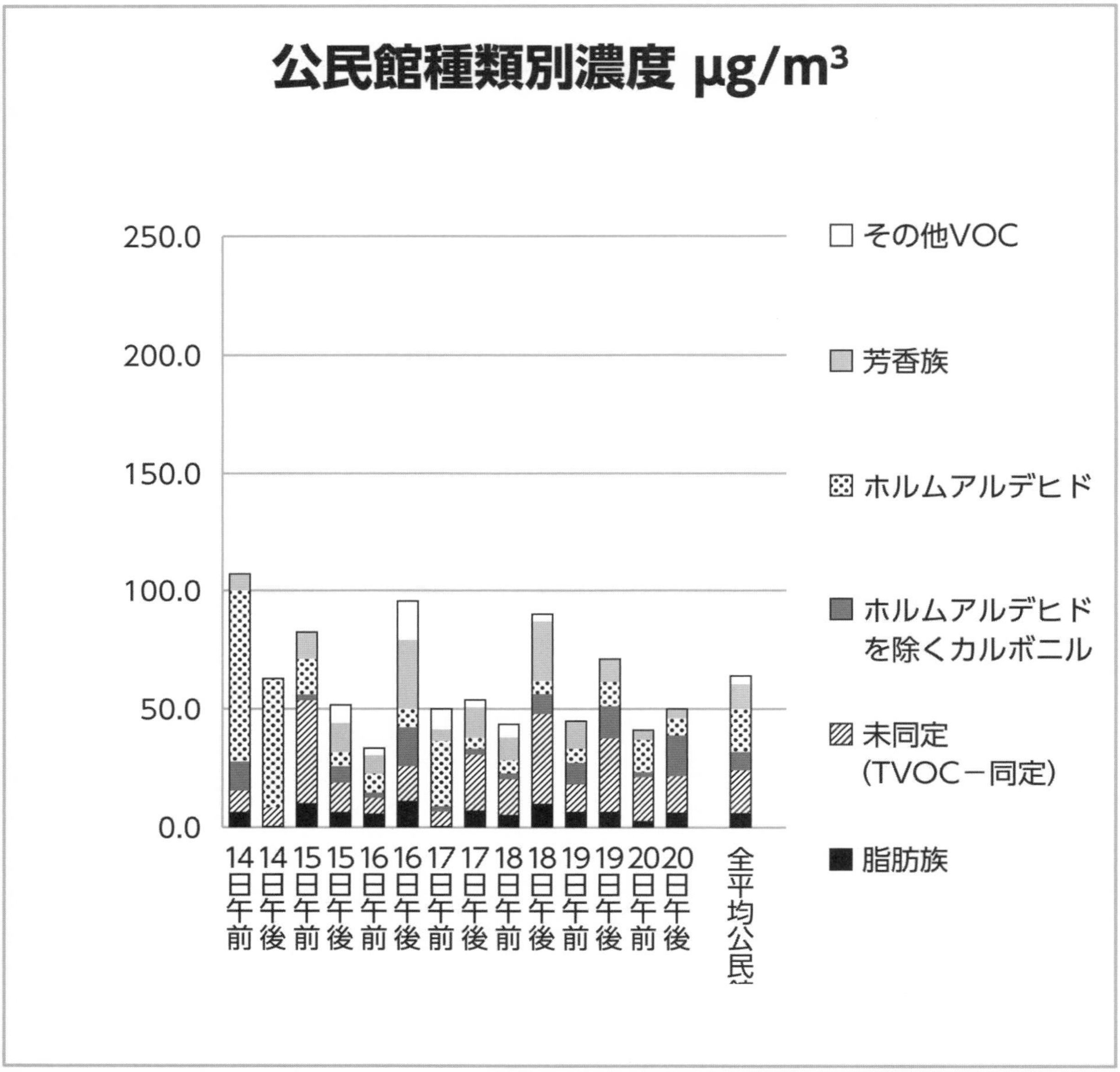
公民館種類別濃度 μg/m³
250.0
200.0
150.0
100.0
50.0
0.0
14日午前
14日午後
15日午前
15日午後
16日午前
16日午後
17日午前
17日午後
18日午前
18日午後
19日午前
19日午後
20日午前
20日午後
全平均公民館
その他VOC
芳香族
ホルムアルデヒド
ホルムアルデヒドを除くカルボニル
未同定（TVOC－同定）
脂肪族

◎岡山大学・津田敏秀教授らによる３度の疫学調査

広範囲にわたって出現する有毒ガスの発生源はどこか。そしてどのような健康被害がどのように起こっているのか。「守る会」は疫学の第一人者である岡山大学医学部環境疫学の津田敏秀先生に調査をお願いし、２００６（平成18）年７月から８月にかけて、イ社の周辺地域である太秦と高宮あさひ丘の７つの自治会の会員を対象にまた比較対象地域として石津東町自治会の協力を得て津田敏秀、頼藤貴志両先生による疫学調査が実施されました。

調査対象者は６２９４名で、質問表を配布・回収した３９５０名の調査結果が解析されました。そこで明らかになったことは、仮定の発生源をイ社と見立てて、そこから西北に一直線上に並ぶ７００メートルまでの太秦東が丘、１２００メートルまでの桜が丘、そして２８００メートル離れた石津東町の住民の罹病状況を比較した結果は表１の通りです。ここで罹病者の状況は遠く離れた石津東町では工場排気ガスの影響はまったくみられず、桜が丘、東が丘へと仮定の発生原因に近づくに従い罹病者が増えていくことが明らかになりました。

最重要の疫学調査を無視した裁判所

津田教授は疫学調査結果を裁判所に提出し、調査結果は「工場稼働と健康被害の因果関係を強く示している」と断言

表1　工場からの距離による発病倍数（約）比較

（調査結果報告書より一部抜粋）

	比較対象地点 2800m 石津東町	700m以内 太秦東が丘 の一部	700〜1000m 太秦桜が丘
症状	症状の割合を １とした場合	倍数（約）	倍数（約）
のどが痛い	1	3.5	2.7
のどがいがらい	1	2.6	1.9
のどがかゆい	1	2.7	2.0
のどが痛い	1	5.8	3.6
目やにがでる	1	5.0	3.3

されています。

この調査結果の詳細は産業衛生学会の英文論文誌に査読（他の研究者による点検）を受け、公表されています。

ところが、４５００人を超える地域住民の健康症状の訴えを、一審判決では「住民の加齢のせい、思い込み」などと採用しませんでした。この判決に、岡山大学医学部、津田教授らによる疫学調査は2審の期間中さらに2回行われました。それは比較対象地域を増やし、調査用紙を直接大学に送付するように地域住民にお願いした調査です。その結果は、２回とも1回目の調査と同じであり、そのことを専門家の意見書として裁判所に提出されました。

高裁は津田教授らの調査結果を認めないという判決を再び行いました。その理由は、調査が廃プラ施設の全方位で実施されなかったということです。これはまったく奇妙な理屈です。というのは施設の周囲には竹やぶや府立公園があるなど人が住んでいない地域があり、人が住んでいないところで人の健康調査をしていないからこの調査は科学的でないとするものです。これは裁判官が現場を知らず憶測によるでっちあげた理屈としか言いようがありません。本裁判での裁判官の科学的認識能力を疑わせる判断としか考えられません。

●ひと休み●

疫学調査を実施した岡山大学・頼藤貴志准教授の講演に納得

2012（平成24）年4月15日、寝屋川市民会館地下多目的ホールで廃プラ問題報告会が行われました。頼藤貴志・岡山大准教授（当時）による「明らかになった寝屋川廃プラ病—疫学調査結果を踏まえて」と題する講演です。

会場いっぱいに140名が参加。先生は「疫学とは、因果関係を数字で表すことで、決してむつかしいことではなく、常識を科学で裏付けるものです。寝屋川では、工場に近いほど、有病者の割合が高く、はっきりと因果関係が明らかになっています」と話されました。講演後、活発な質疑応答、意見交換が行われ参加した住民は納得しました。

◎空気をよどませる接地逆転層を発見

２００８（平成20）年9月の一審判決後の12月に神戸商船大学・西川榮一名誉教授（日本環境学会会長・当時）の提案と指導の下で、二つの廃プラ施設に隣接した空き地で木や草を燃やして煙をつくり、その流れを観測して写真に収めました。早朝、まだ暗い6時ごろから1時間ほどです。下の写真はその時の情景と西川先生の説明です。

廃プラ処理の二施設の存在している箇所が、大気汚染を住宅地域にもたらす最悪の立地であるということがニオイ調査や化学物質調査で解明されてきました。

この日の朝はずいぶん気温が下がり、日の出前後でしたが、クリーンセンター（清掃工場）の長く立った煙突の排煙はまっ直に上空へ昇り、一方煙を多く出すようにと燻べた私たちのつくった白い煙はゆっくりした東の風に乗って地を這うように豊野浄水場のある西へ、あるいは打上川に沿って太秦や三井団地の住宅地に向って移動しました。

早朝に出勤する方から「煙の臭いをかいだよ！」と語ってくれました。接地逆転層と称される気象現象によって汚染された空気が住宅地に流れ込む様子を、煙の実験によって視覚化することに成功しました。

冬の夜は地面近くの空気の方がその上の空気より冷えてい

廃プラガス発生のメカニズムを発見・証明した実験

廃プラ施設の直近で焚き火により煙を発生させ、空気の流れを調べた。クリーンセンターの煙は、まっすぐ立ち上がり拡散。焚き火による煙は、空気にフタがされたように拡散がおさえられ、地表を這うように漂って、住宅街に流れています。接地逆転層が発生しています。（西川名誉教授の調査から）

るため、空気の対流がおきません。あたかも上空に天幕が張られたように面で覆われているからです。そのため、排気ガスの拡散・希釈が抑えられています。日没ごろから夜明けにかけて高い濃度の廃プラガスが住宅地へ流れてゆくのはこの接地逆転層がつくられているためです。

　廃プラ処理の二施設のすぐ横を打上川が北へ向って流れていきます。そして、この川の両側は丘陵に囲まれているため、この地域は廃プラガスが淀むところとなり、写真のように地上をゆっくりと移動して三井団地、太秦、高宮あさひ丘へ、また風向きによっては東寝屋川や第四中学校方面へと周辺住宅地に毒を含んだ廃プラガスが到達していくことがわかりました。この接地逆転層は日の出とともに日中は解消し、多くは夕方から夜にかけて発生します。

　その後の半年間にわたる接地逆転層の調査結果で、その期間は従来冬場のみと思われていましたが、観察を続けていると春になっても持続し、夏でも断続して出現しています。とくに冬場には、一日のうち接地逆転層が生じている時間帯が長いことがわかりました。また施設からの排気ガスが長時間周辺に滞留していることを示すデータも得られました。廃プラガスは「とくに夜間を中心に上空の大気へ広く大きく拡散することはない」ということがわかったのです。以上述べた接地逆転層の発生によって、実際に空気の流れがどのようになるか、煙によって可視化して観察できたのが煙が這うように流れる前ページの写真です。

特別寄稿

廃プラからのガスが太陽光によりホルムアルデヒドを発生させ健康被害が生じた疑い

水越厚史（近畿大学医学部　環境医学・行動科学教室）

柳沢研究室の大気汚染化学物質の調査でわかったこと

第3章の柳沢研究室の調査では、施設周辺においてＴＶＯＣ濃度が高くなることがあり、また、住宅街でも高濃度のホルムアルデヒド濃度が検出されることがわかりました。

ＴＶＯＣ濃度の測定で、連続的に濃度を計測できるモニターを使い、一日の中で夕方から濃度が上昇し始め、明け方から昼間にかけて下降するという時間変化を観測することができました。この変化は、夜間に接地逆転層が形成され、汚染物質が溜まって濃度が上昇し、朝方、逆転層の解消により、汚染物質が希釈され濃度が減少したからと考えられました。一方、ホルムアルデヒドの濃度を定量するためには、空気中のホルムアルデヒドをいったん吸着剤に集め、実験室に持ち帰ってから、分析装置で調べる必要があります。そのためこの調査では、1日2回、午前10時と午後10時に捕集し、その時間帯の濃度を測定していました。その結果、高濃度のホルムアルデヒドが計測されましたが、一日のなかでホルムアルデヒド濃度がどのように変化するかについては、不明でした。

大気中ホルムアルデヒド濃度の連続測定

ホルムアルデヒドは、上述の精密な測定法の他、連続的に測定が可能な簡易なモニターもあります。そこで、これらのモニターを用いて、ホルムアルデヒド濃度の時間変化を知るための測定も行われてきました。長野氏と北田氏は、2013年の夏から2014年の冬にかけて約6ヵ月間、施設から1㎞以内の住宅の軒下で、モニターを用いて大気中のホルムアルデヒド濃度を24時間連続測定しました。その結果、高濃度の大気中ホルムアルデヒドが測定されるのは、昼間であることがわかりました。さらに、付近の大気汚染常時監視測定局のデータと比較すると、日射量が多く、光化学オキシダントが高濃度の時間帯に、ホルムアルデヒド濃度が高濃度になっていることがわかりました。光化学オキシダントとは、工場や自動車などから排出される揮発性有機化合物（VOC）と窒素酸化物が大気中に存在するとき、紫外線によっておこる光化学反応により生成する汚染物質です。

2018年には、上記の測定と同じ場所で、別の連続測定器（ホルムアルデメーター htv-m 株式会社ジェイエムエス）を用いて、夏季（6月）および冬季（11～1月）に大気中ホルムアルデヒド濃度を測定しました。その結果、図1に示したように、夏季と冬季どちらも測定期間中の複数の日で、ホルムアルデヒド濃度は8～10時頃から上昇し、午後にピークを迎え、深夜にかけて減少するという傾向がみられました。図2には、夏季のホルムアルデヒド濃度の変化と付近の大気汚染常時監視測定局の日射量の変化を並べて示しました。ホルムアルデヒド濃度は、日射量の変化と連動するように、少し遅れて増加していることがわかります。また、午後、日射量の減少に伴い、ホルムアルデヒド濃度も減少していく傾向がみられました。このような傾向は、2013年～2014年の調査と一致していました。これらの結果から、本地域における大気中ホルムアルデヒドは、光化学反応に伴い、二次的に発生していると考えられました。

ホルムアルデヒドの生成メカニズム

本地域では、TVOC濃度が朝方にピークを迎え、昼間にかけて減少していました（28ページ）。この傾向は、接地逆転層によると考えられるため、排出された汚染物質は同様の変化を示す可能性が考えられます。

ところで、ＶＯＣは光化学反応によりオゾンを生成し、光化学オキシダント濃度を上昇させる可能性があります。この度合いをオゾン生成能という数値で比較することができます。ブタンのオゾン生成能（ＭＩＲ）は、１・15と報告されており、他のＶＯＣと比べて高い値ではありませんが、ブタンの濃度が高ければ、光化学オキシダントの生成に寄与する可能性が考えられます。また、この反応の結果、ブタンから光化学オキシダントとともにホルムアルデヒドが生成する可能性も考えられます（「２０１９ 公害環境測定研究会年報」より転載）。

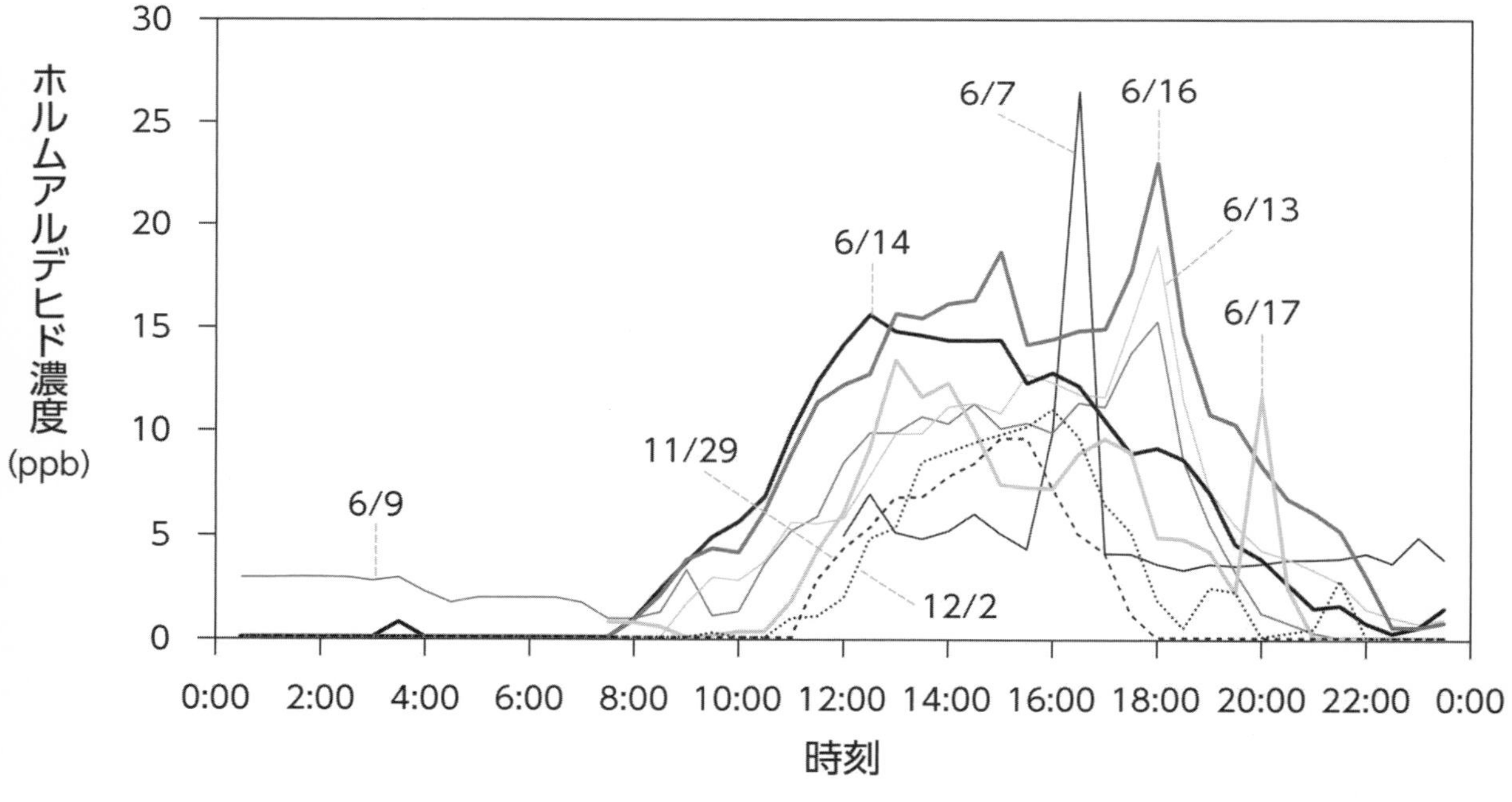

図1　大気中ホルムアルデヒド濃度の一日の変動（濃度上昇があった日を抜粋、30分平均値）2018年に測定

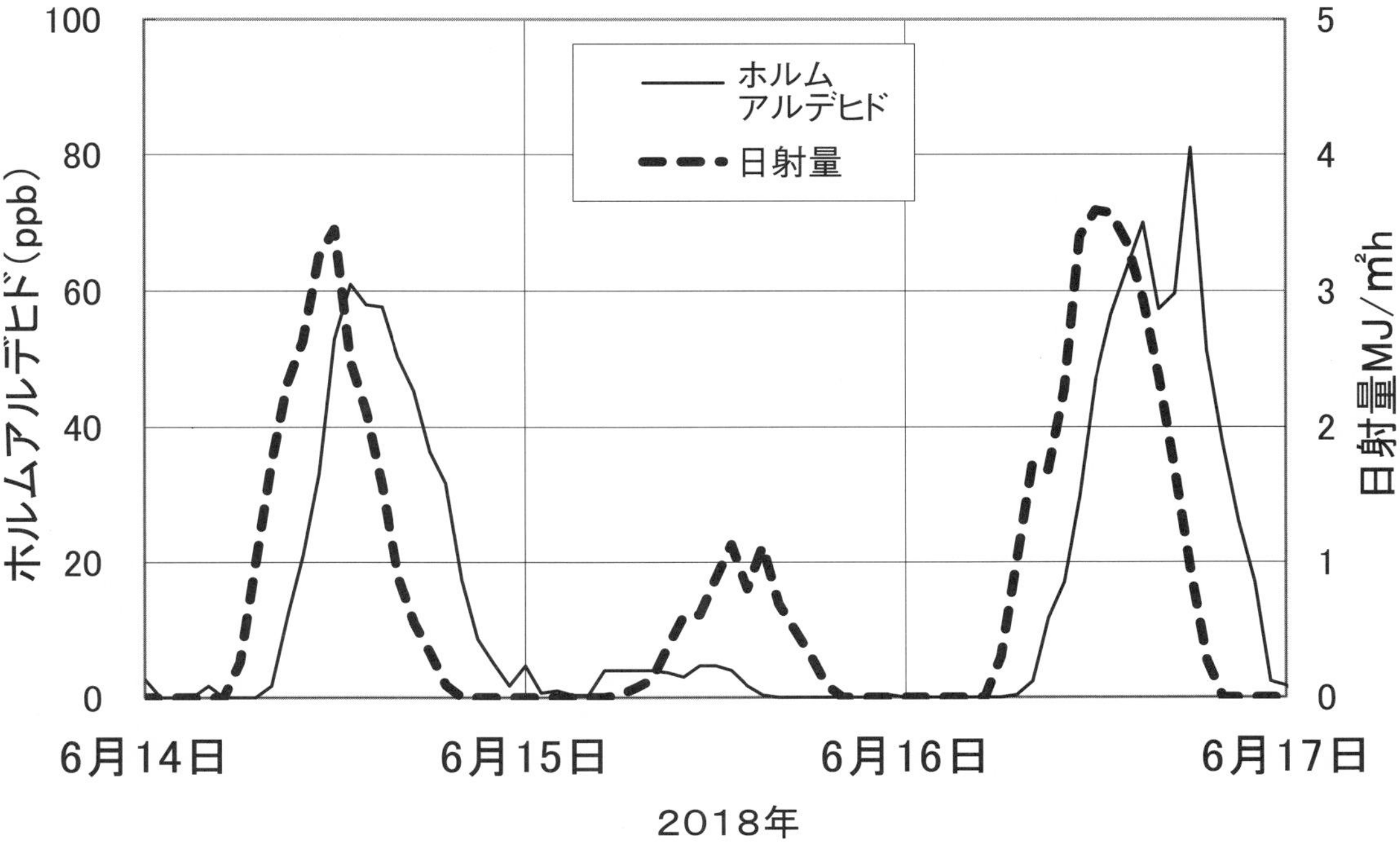

図2　日射量と発生したホルムアルデヒド濃度の関係

第4章　裁判および公害等調整委員会での争点

２００４（平成16）年7月、守る会は大阪府、寝屋川市が訴えを却下する下で大阪地方裁判所にイコール社の操業停止の仮処分を申し立てました。なお、意見書などを提出していただいた先生方の肩書は当時のものです。

諸法律に形だけのタッチ

以下廃プラ問題にかかわって見過ごされた問題のある事項を簡略に概括しましょう。

民間企業（リサイクル・アンド・イコール社）の建築許可は、２００３年（平成15年）12月に申請されて２００４年2月初めに都市計画審議会が開かれ、建築などの許可に至っています。

手続きは、建築基準法第51条ただし書きによって行われております。これは、市街化調整区域内にゴミ処理施設を建設するには、公聴会の開催など、周辺住民の声を聞く手続きを省き、審議会の討議のみを持って決定する便法を市長が当初からとっています。住民の声を聞かずに取ったこの手続きはなぜでしょうか、大きな疑問です。

仮処分決定、「化学物質は薄められ住民の健康に影響しない」と推論

仮処分の申請を受けた大阪地裁は数回の審理の後、２００５（平成17）年3月、守る会の仮処分申請を退ける不当な決定を行いました。地裁の判決は、立証責任について、本件のように人格権に基づいて本件施設の操業の差止めを求める事案においては、施設の操業によって、債権者らの生命の安全および身体の健康

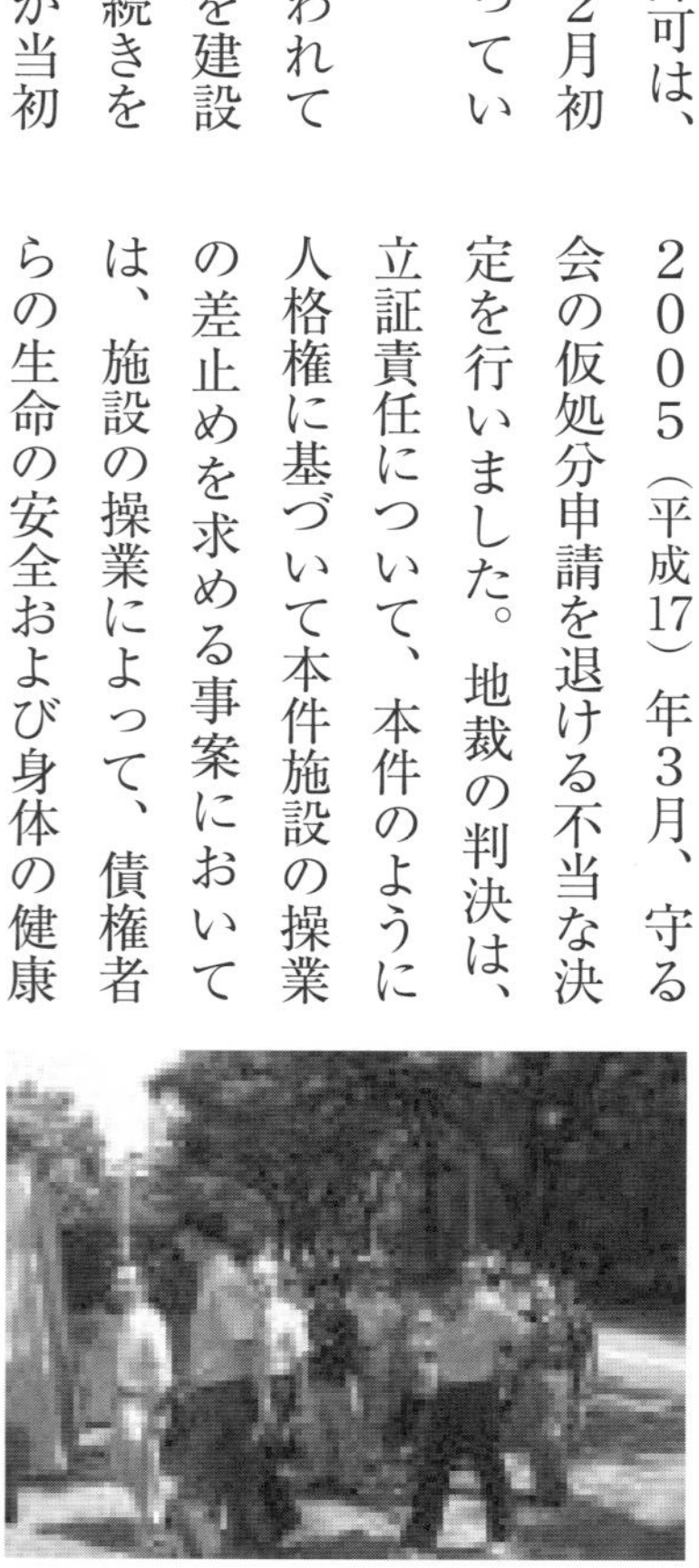

裁判所へ向かう住民。2005（平成17）年

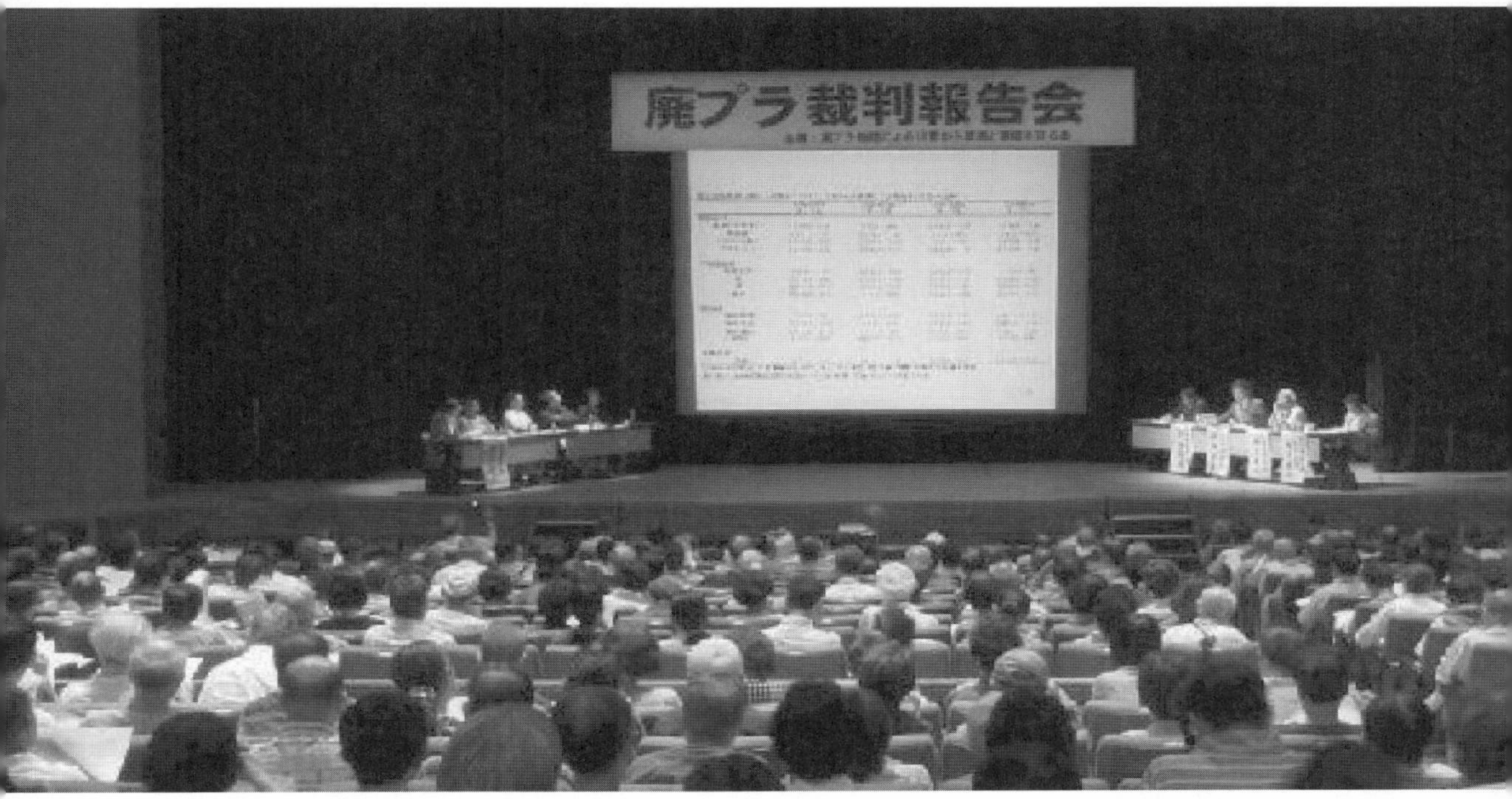

2009（平成21）年9月27日、廃プラ裁判報告会（寝屋川市民会館大ホール）、右側：専門家　左側：弁護団

に対して受忍限度を超える被害を受ける蓋然性があることについての立証責任は、これを主張する債権者らが負うべきものと解するのが相当であるとされました。

住民は、緑や田畑を守るべき市街化調整地にイ社のような廃棄物処理施設を住民への説明会もなしに建設することの不当性を主張しましたが、決定は大阪府のエコエリア構想によるとし建設を認めました。

大阪市立大学・樋口泰一元教授、大阪市立大学・楠田貢典元教授による意見書提出

この意見書ではプラスチックは摩擦、切断、折り曲げなどの機械的な力によってもガス状などの化学物質が発生するというメカノケミカル反応（注）が明らかになりました。そうした中、仮処分決定には「廃プラ・リサイクル工場の操業によって人体に有害な化学物質が発生する」ことが記されました。しかしながら、仮処分決定の結論は「化学物質が大気中に排出されても、１００ｍ拡散すれば１０００倍に薄められる」というイコール社側の主張を認め、同社の廃プラ処理施設の建設を認めました。この仮処分決定は「拡散による化学物質が住宅地に到達しないという推認であり科学的に根拠のない不当判決でした。

（注）メカノケミカル反応……イ社による本格操業が行わ

れておらず、大気調査も行われていないときの仮処分裁判で、楠田、樋口両元市大教授が提出した主張。

両先生は、プラスチックが石油から作られた、液状あるいはガス状の小さな1個の分子（単量体＝モノマー）を重合反応により何万個もつなぎ合わせて固形物のプラスチック（多量体＝高分子化合物）にしたものであり、こうしたプラスチックの性質から、熱だけでなく圧縮、摩擦、折り曲げなどの機械的な力で、分子間の結合がはずれて、ガス状の有害化学物質ができるという世界中の研究結果を調査し、裁判所に提出しました。この結果を、裁判官が認めざるを得ないとしたことは、今後、廃プラを処理するときに大事な事実であることを明らかにしたことは重要であり、却下された決定ですが、画期的な取り組みと言えます。

大阪地裁へ提訴

大阪府、寝屋川市ならびに仮処分決定がイコール社の操業を認め、かつ4市組合の二つの施設建設を寝屋川市長や4市の市議会、4市の都市計画審議会、4市施設の専門委員会が容認する中、「廃プラ処理による公害から健康と環境を守る会」に結集した住民は、２００５（平成17）年7月に大阪地裁に二つの施設の建設、操業に反対する訴えを起こしました。

大阪地裁の1審では当初、住民側の意見をよく聞いていた裁判官3名が全員途中で交代したことも判決に影響した可能性が考えられます。この点では、裁判終結後に申請した公調委の原因裁定での裁定員3名が全員審理途中でかわったことも気になることです。

大阪地裁一審判決の問題点

２００８（平成20）年9月18日に言い渡された一審判決は、住民の訴えは「加齢と思い込み」によるとし却下しました。

住民の訴えを却下した理由は次の点です。

① 東大の柳沢研究室が行った、施設周辺の化学物質は市役所での測定と比べ未知物質が2倍も多いことを無視し、検出された化学物質の基準値を超えるものはないとして、以前、杉並病の際、公調委が判断した予防原則をここでは認めませんでした。

② 岡山大学医学部の津田先生、頼藤先生が住民の協力を得て行った疫学調査の結果について「住民が関わり信用できない」「子どもの回答があるからだれが書いたかわからない」「バイアスのかかった調査である」と根拠なく断定し、３７００名の疫学調査結果を採用しませんでした。

③ 医師の診断における、問診結果は証拠に取り上げず、診

断結果は信用できないとしました。

④　神戸商船大学・西川榮一名誉教授が二つの廃プラ工場からの化学物質が予測を超えて大量であること、また施設の立地条件を踏まえた調査が必要との意見書に言及していません。

⑤　住民がニオイを感じた場所やどんなニオイかを集約した意見書についてもまったく無視されました。

「守る会」は一審判決に対し事実に基づかない不当判決とし、大阪高裁への控訴を決めました。

東京大学・柳沢幸雄教授のコメント

この判決は、公害問題の経過、歴史から何も学ぶことなく論理を展開しており、とても残念でなりません。

公害問題の歴史は、「新しいプロセスは、その時点では有毒性が未知の汚染物質を環境中に排出し、悪条件が重なると公害病を発生させる。」ということを示しています。

熊本や新潟水俣病のメチル水銀、四日市喘息の硫黄酸化物、イタイイタイ病のカドミウムは、公害病が発生した時点では、原因物質と特定されていませんでした。長い時間と、多くの被害者の犠牲によって、原因物質が特定されたわけです。

世界の各地で発生した公害病のこのような苦い、そして悲しい歴史から、人類の英知は新しい原則を確立しました。予防原則です。それは１９９２（平成４）年のリオデジャネイロの地球環境サミットで宣言されました。予防原則は、環境の変化が地域の健康状態に変化を生み出している場合には、原因物質の特定を待つことなく対策を講じるべきである、ということを示しています。

廃プラスチックの処理施設の稼動という環境の変化が、拡散状態が悪く、住居が近接しているという悪条件が重なったことにより、寝屋川病の発生という健康状態の変化をもたらしました。廃プラスチックの処理という新しいプロセスからは、有毒性が未知の、多くの種類の有機化学物質が大量に発生しています。予防原則に配慮していないこの判決は、水俣病やイタイイタイ病の時代に時計の針を逆回転させたということができます。

自分自身と次世代の人々の健康を守るため、予防原則が宣言された21世紀にふさわしい行動、判断が必要です。

国際的常識の「予防原則」を否定した大阪高裁判決

1審判決を受け、この間「守る会」は、専門の科学者、医師の協力を得て、さらに二つの廃プラ施設からの排出ガスが住民の健康を冒している実態を調査し、意見書を提出していただきました。これらの意見書や住民からの聞き取りに基づき弁護団はさらに訴状を充実しました。（第３章　科学的検証参照）

また2審判決を前に、科学的立証をより充実した内容をウオッチングニュース特別号として裁判所前で毎週配布しました（第6章参照）。また、130名の住民からの陳述書が弁護士の聞き取りにより提出することができました。

この間、公害環境問題の著名な学者である大阪市立大学・宮本憲一名誉教授による「廃プラ問題学習会」が行われるなど、住民は2審判決に期待を寄せました。

そうした中、私たちの裁判は、すべて大法廷で開催され毎回100名の傍聴席が満席になり、傍聴できない方もありました。しかしながら、判決は1審判決をそのまま認めたばかりでなく、「理由骨子」という文書を裁判長が冒頭に読みあげるという異例の結審になりました。

「理由骨子」には次のように書いています。

「厳密なリスク分析が未了などで安全性が科学的に認知されていない物質は、原則として人の健康に被害を与える危険性を有するという大前提自体、差止め法理としては、当裁判所の採用しないところである。」

これはまさしく、次に示す、1992（平成4）年の環境問題の国際会議で採択された「リオ宣言」での予防原則を採用しないという文面です。これは杉並病についての公害等調整員会のとった判断をも否定するものです。

リオ宣言は、原則15で予防原則について以下のように記しています。

「深刻な、あるいは不可逆的な被害のおそれがある場合には、完全な科学的確実性の欠如が、環境悪化を防止するための費用対効果の大きい対策を延期する理由として使われてはならない」。

また2000（平成12）年12月に発表された、政府の環境計画の閣議決定は次のとおり。

「完全な科学的証拠が欠如していることを、対策を延期する理由とはせず、科学的知見の充実に努めながら、必要に応じ、予防的な方策を講じます。」

シンポジウムに参加した弁護団

高裁判決に対する津田敏秀・岡山大学教授（環境疫学）のコメント

私の判決に対する感想としては、

① 判決における因果関係否定のプロセスに根拠がない。

② 上記のことが起こったのは、判決が調査の欠点があることと、因果関係がなく被害がなかったこととを混同しているためである。

③ 同心円状の調査は必要条件ではない。歴史的に見ても、ほんの一部の調査、たとえば原爆調査などかぎられている。同心円状の調査を求められれば、あるいは自覚症状の調査を否定されれば、四日市喘息など大気汚染の判決は全部否定されてしまうことになる。それほど判決は、根拠もなくこれまでの公害裁判の判例を否定している。

公害等調整委員会による原因裁定

「守る会」は三度の裁判において却下されたあと、２０１１（平成23）年２月、裁判とは独立して公害の問題について調査し、判断を行うとされている国の行政機関、公害等調整委員会に原因裁定の申請をしました。健康被害のある方から募った73名が医師の診断書を附して申請しました。

（公害等調整委員会……公害をなくすために総務省に作られた組織です。裁判とは独立して公害をなくすために設置されている国の機関。その審査の中に「原因裁定」という事業があり、裁判結果にかかわらず被害者からの申請を受け付け、独自の調査で判断を下すという組織です）

公調委では裁判にない専門家による審理が行われます。杉並病において公害の原因を明らかにし、問題を解決に導いた実績があります。

これに対し加害者側の二者、４市組合とイ社は「裁判で結着済みだから申請を却下せよ」と主張しましたが、公調委はその主張をしりぞけました。しかし、審理が進む中で裁定員３名が一審の裁判の時と同じように全員入れ替えられ、その後、職権調査の内容について住民の意見はまったく取り入れられないとか、また医師による検診はまったく行われないまま、「有害化学物質の発生と排出は認めるが住宅街には到達していないと「**推認**」し、訴えは却下されました。この「推認」という判断は仮処分判決の時にも使用されたもので、事実による科学的検証が不十分なままの健康被害の存在を否定するという寝屋川廃プラ問題についての、司法と行政の姿勢を貫く表現になっています。

公調委の審理は「審問」の（裁判では「公判」と称される）

最初の2回は東京で行われ、以後、はじめての例として大阪で6回実施されました。

公調委による職権調査

公調委での審査（審問と言います）では、職権調査（調査費用1千万円）が行われましたが、裁判結果を踏襲し、第2章、3章で述べた経過をたどり、公調委は2014（平成26）年11月、公害は生じていないと「推認」するという科学的根拠を欠いた曖昧な決定を行いました。

2013（平成25）年1月に実施された職権調査について、2013（平成25）年5月に結果の報告が行われました。「守る会」は、報告について専門家の意見書を提出しましたが、内容は無視されました。そして、住民からの「原因裁定」を却下しました。

公調委、職権調査の問題点と「推論」による裁定の誤り

当初、公調委は「この問題こそ公調委にふさわしい事件である」とし、予算を組んで職権調査を行うことを決定しました。私たちは、専門家からなる諮問委員の調査に期待し、裁定委員の判断におおいに期待を持ちました。しかし、途中で裁定委員や事務局員が総入れ替えとなり、職権調査が揺らいできました。当初約束されていた追加調査を待たずに、結論ありきの裁定がくだされました。その裁定は、「施設から出た排気ガスは住宅地には到達しないと推認される」というものでした。

調査の目的は大気の汚染と気象条件を調べることです。以下、実施された職権調査について問題点を述べます。

① 測定場所についての問題点は、4市施設内での排気ガスを発生現場で測定することが重要であるにもかかわらず、敷地境界で測定されたこと。居住地の測定では、住民の生活空間ではなく4階建てのマンションの屋上で測定されました（写真）。風の流れのある高所では排気ガス濃度は当然薄くなることが明らかであります。

② 排気ガスの分析はキャニスタ（空気採取容器）による採集が行われ、ホルムアルデヒドとTVOCについては簡易測定器による連続測定も行われました。イ社の現場において、調査員が驚くほどの高濃度のホルムアルデヒド30分値が検出されましたが、この時は湿度が高すぎたという理由でこのデータは公表されませんでした。私たちは公調委が使用した測定器と同じものを使用して、住宅地において何度も室内基準値を超えるホルムアルデヒドを検出し、公調委に伝えまし

たが、すべて無視され、裁定結果には反映されませんでした。

③　私たちはホルムアルデヒドの測定を重視しています。それはシックハウス症候群の代表的な化学物質であり、発がん性も認められた危険物質だからです。ホルムアルデヒドは施設の排気ガスに直接含まれていなくても、排気のなかのＴＶＯＣが大気中で日光による紫外線などの影響を受けて、ホルムアルデヒドに変化することが環境省の資料でも認められているからです。そのため、職権調査を冬期だけでなく、紫外線の強い夏期などにも要望していました。

④　２つの廃プラ施設は打上川の川沿いにあり、住宅地を取り巻く下流には洪水を防ぐための遊水池があります。施設からの排気ガスはこの低地域に滞留することを確認するため、われわれは以前から接地逆転層の測定を行っており、公調委もその測定を実施しました。接地逆転層とは、地面が夜間放射冷却によって、地面近くの空気が上層の空気より低温で重くなり、対流が起きない状態のことであり、施設からの排気ガスが周辺に滞留することになります。ところが職権調査では、ポールを立てた田畑だけで接地逆転層の発生状況を測ったが、住民が暮らしている住宅地での測定について私たちの要望を科学的根拠なく採用しませんでした。

⑤　疫学調査は岡山大学の津田教授の監修のもとに行われ、公害の因果関係を決定付けるものです。すなわち、シックハウス症候群類似の症状について調査を行い、遠隔地の住民に比べて施設周辺の住民には数倍の有病者がいることが明らかになりました。しかし、裁判では疫学調査の結果は採用されず、また公調委による公の力でより広い範囲の疫学調査が実施されれば、よりはっきりした因果関係が明らかになると期待されたが調査されませんでした。

公調委による化学物質調査。太秦中町のマンション屋上。
地上から10m以上で測定

⑥　廃プラ施設から出る独特のニオイは操業開始からすぐに住宅地においても感じられるようになりました。このニオイの発生源は2つの施設の近くで誰もが確認していることであり、誰の日にも明らかでした。そしてニオイと同時に健康問題が発生しました。このニオイの到達こそ有害化学物質の到達を示すものであり、廃プラ施設と健康被害の因果関係を示すものであるとわれわれは確信しています。

⑦　この事件で多大なご協力をいただいた眞鍋穣先生は２０１４（平成26）年秋より寝屋川市内の病院で毎月廃プラ病にかかった関連の患者さん方を継続して診療を続けていただいております。この事件の大きな成果の一つと言えるでしょう。

＊ホルムアルデヒドの30分連続調査の失敗のままではすませられない。必ず再調査を！

公調委から「原因物質の特定」を求められた申請人のわれわれは、柳沢教授の調査でシックハウスや発がん性があるホルムアルデヒドが通常空気の10倍以上の高濃度で検出されたことを指摘しました。

これを受け、公調委はホルムアルデヒドについて測定値を評価する30分ごとの連続測定を実施する計画でした。ところが、測定結果について、結果に疑義があるとして不採用とされ、公表されず、再調査も実施されていません。

この事に関し厚労省の検討委員会は「ホルムアルデヒドの指針値は30分ごとの測定値であり、１日平均値で評価できない。（健康への影響は）短時間での高濃度を調べないといけない」としています。

しかしながら今回の調査結果について、公調委の専門委員会は肝心のホルムアルデヒドの30分連続調査がされていないままであることを認めながら、「化学物質が到達しているとは考えられない」とする意見書を提出しています。ホルムアルデヒドの基準値を30分平均値で評価するべきとする厚労省の測定基準に反して30分平均値を測定しないまま、公調委の専門委員が、今回の調査結果が基準値をクリアしているとしていることは、明らかに矛盾しています。廃プラリサイクル事業を進める政府の立場が調査結果に反映しているとしか考えられません。

第5章　プラスチックごみ問題の方向をさぐる

プラスチックを元の材料に戻すこと（リサイクル）はできない

50年ほど前から、生産・消費が急激に増え続けているプラスチックは便利で安価な新素材として世界中に普及し続けています。すでに生産されたプラスチックは83億トンに達し、住宅・家庭用品・工場・事務所から車まで、あらゆるところで木材や金属に匹敵するか、それ以上に使用されています。使い捨てされるプラスチックだけでなく、これらのプラスチック製品もいずれは廃棄される時がきます。廃プラの処理については大きな視野で見て対策を考えることが必要です。未処理のまま、地上、海洋や河川などに放置されたプラスチックはマイクロプラスチックやナノプラスチックの原因物質として環境を破壊します。これらは、アルミ、鉄、ガラス、紙などの製品と違って化学構造により元の姿に戻ることはありません。

寝屋川市において、廃プラリサイクル処理工場（材料リサイクル）が操業を始めてできてから、地域の空気が汚染され、シックハウス症状の健康被害が多数発生しました。私たちは公害反対の住民運動を17年間にわたって続けて来ました。こうした体験上の事実から、プラスチックの問題について私たちの意見を述べます。

結論から言えば、世間では「廃プラの焼却はよくない、リサイクルを進めるべきである」と漠然と考えられているようですが、これは根拠のない「廃プラリサイクル神話」だと思います。すでに83億トンを生産し、有害物質としてその相当部分が地球上に残り今や有害物質として国際的に問題になっています。プラスチックをどう取り扱うか、最終処理するか根本的に考えなければなりません。現在生産が続けられているプラスチック、それも使い捨てプラスチックだけを解決するればいいというものではありません。

合理性を欠く廃プラリサイクル

家庭で容器包装材として使用済みの廃プラは寝屋川市などでは現在、分別回収され、４市リサイクル施設組合で圧縮梱包され、その多くが、民間のリサイクル・アンド・イコール社でパレット（荷物の荷台）に再製品化されています。

こうした事業が、本当に「リサイクル」（元の材料に戻して再利用できる）の名にあたいするのか、検証してみましょう。

（検証１）処理コストを比較すると

２０１２（平成24）年３月定例市議会での馬場市長の答弁より

「２０１１（平成23）年度における本市の処理コストは、焼却の場合で１kg当たり10円、廃プラ（分別回収）の場合は24円となっております。」

（検証２）プラごみ７割は今でも焼却

分別対象のプラスチックごみには容器包装材以外のもの（ボールペン、プラスチック板・おもちゃなど）は入っていません。それらのプラスチック類は生ゴといっしょに燃やされています。プラごみの７割は今も燃やされています。

（検証３）廃プラから有害ガス発生

大阪地裁の仮処分決定は、廃プラを圧縮したり加熱すると人体に有害なガスが発生することを認めました。

また、４市施設組合の専門委員会は、廃プラを置いておくだけでも、有害ガスが出ることを全員が認めました。東京大学・影本教授の実験もこの事実を確認しています。

（検証４）住民の訴え――ＶＯＣによる健康被害の特徴と一致

住民が訴える健康症状はＷＨＯシックビルディング症候群の不定愁訴の症状（眼・鼻・咽喉の異常刺激、神経毒性および全身健康問題、皮膚刺激、非特異的過敏反応、悪臭および味覚異常）と非常によく合致している。ＷＨＯのＶＯＣによる健康への影響として指摘されている急性症状（眼や呼吸器系への刺激、全身症状 頭痛、めまい、協調障害、吐気、視覚異常、喘息や鼻炎などのアレルギー反応）慢性症状（肝臓、腎臓、血液系、中枢神経系への障害、癌を起こすこともある（ホルムアルデヒド））とほぼ一致しています。

廃プラの現行材料リサイクルの愚

最近まではリサイクルはよいことだと言われています。資源小国の日本は、大量生産、大量消費の過去を去って循環型社会の形成へと進むことは大筋においてたいへんけっこうなことですが、ケースバイケースでよく吟味をしながら対処してゆかなければなりません。

こと廃プラに関わっては、50％以上が再利用困難で、再生されたパレット他諸製品も品質が不良で二級品。私たちを苦しめている成形品、パレットは1個の売り値が６００円。しかもこれを再生するため容器包装リサイクル協会から「リサイクルコスト」としてわたされる工場製造費が５０００円。これに加えて家庭から収集し圧縮、梱包する市の費用が廃プラ1トンあたり4万円以上もの経費がかかっていると聞けば、ただただ耳を疑うばかりです。費用対効果を役所が厳しくチェックされている今、とくに地方自治体がこんな浪費を税金でカバーすること事体、あってよいはずがありません。

この点は、当時、毎日新聞の記者が調べておりますが（２００８（平成20）年6月連載）、現状がどうなっているか調べてみました。一般可燃ごみの1キログラム当たりの焼却費と廃プラリサイクル（4市施設への負担金（1キログラム当たり）を各市ごとに比較すると２０１８（平成30）年度決算で次のようになります。

行政区	寝屋川市	枚方市	交野市	四条畷市
ごみ焼却	10円	25円	14円	14円
廃プラの材料リサイクル処理	27円	35円	50円	79円

（いずれも、ごみ1kgあたり）

いずれの市も、ごみ焼却費の方が廃プラの材料リサイクル中間施設処理費より安いことがわかります。

寝屋川市の場合は、市が回収する量と同じに近い量を枚方市、交野市、四条畷市から運び込まれ処理しています。

人間、空気がなければ、瞬時も生きてゆけません。その空気は健康な体を維持するには、緑に恵まれた自然の空気こそ望ましいことです。住みよい街には迷惑施設はごめんです。ところが、質の悪いパレットを製造するために24時間かけて大気を汚染させ、その汚染空気を呼吸しなければならない私たち周辺住民です。裁判所や公害等調整員会は「悪いガスは出ても住民には届いていないから、健康を悪くするほどのことはない」と判断し、「循環型社会の形成という国策のためには、これら施設は公益性、公共性を併せもつものだから、住民は忍従すべきである。加齢や心因性に原因があるのだから、心得ちがいの不満をもつな」と私たち住民の訴えを認めなかったのが、一審判決の姿勢です。

東京都では、杉並区の施設は２００９年４月をもって廃止され、地域の空気がきれいになったと聞いています。一般には燃やすという解決方法はリサイクルの精神に反するといやがられているのですが、しかし原料の石油を焚いて電力を生産しているのが現実ですから、廃プラは石油が主製品である以上、熱に転用し発電などの原料にすれば有効であり、少なくとも廃プラ公害は起こりません。

市民の声を無視して暴走してきた元市政の行きつくところは、一貫して「お上にたてつくな」「文句を言わずに黙ってついて来い」と私たち市民の、住民の声を無視し続けてきました。

私たちは「予防医学」の見地に立って心配を訴え続けてきたのですが、非科学的な、そして公平性を欠く裁判所の判決も加わって、現実に健康被害者が大量に出現する事態が起こりました。

プラスチックのリサイクルが大きな問題

プラスチックの製造プラントの能力に匹敵するような、リサイクル処理プラントを作ることができるでしょうか？

リサイクルとは元に戻すということですが、化学的性質から言って元には戻りません。溶かして再成型するだけでは、品質が悪く単なるプラスチックの延命処置にすぎません。

プラスチック原料のレベルまで分解して再生する方法もありますが、多大なエネルギーとコストを必要とし、CO_2の発生量を増やします。国の補助金無しにはできない不経済な事業です。

家庭での洗浄、自治体による分別収集の手間、業者によるプラスチックの種類別分別の手間。

容リ協を通じてリサイクルされているのは、一部のプラだけです。残りは清掃工場で焼却され、また産廃として闇に消えています。また廃プラの一部はかつて中国へ輸出されリサイクルとして計上されてきたことがわかってきました。

圧縮・梱包段階での有害ガスの発生、分別作業者の健康被害が発生しています。

なぜ焼却はいけないのか？

大量のプラスチックごみを地球上から消滅処理するには焼却以外の方法は現在のところないではありませんか。

リサイクルできるとされているのはペットボトルなどプラスチック製品のほんの一部ですが、それもペットボトルのリサイクルもガラス製品のリサイクルより多くのCO_2を排出することがわかってきました。

容リ協が扱っている廃プラ以外のプラスチックごみは、家庭から一般ごみとして出されていて焼却処理されています。現在、清掃工場で焼却されている廃プラはプラスチックごみの7～8割です。

プラスチックの焼却（廃棄物）によるCO_2の発生は全石油製品の数％と報告されています。圧倒的な石油の使用は自動車のガソリン、軽油などの燃料であり、火力発電の原料です。CO_2の減少を論じるなら、ガソリンや火力発電をふくめ、エネルギー源としての使用による80％のCO_2の発生を論じる必要があります。

この点では、不要不急のプラスチック製品の生産をやめたり減らすこと、代替品を研究し使用することなどが緊急に求められていることを共通の認識にしていきたいと思っています。

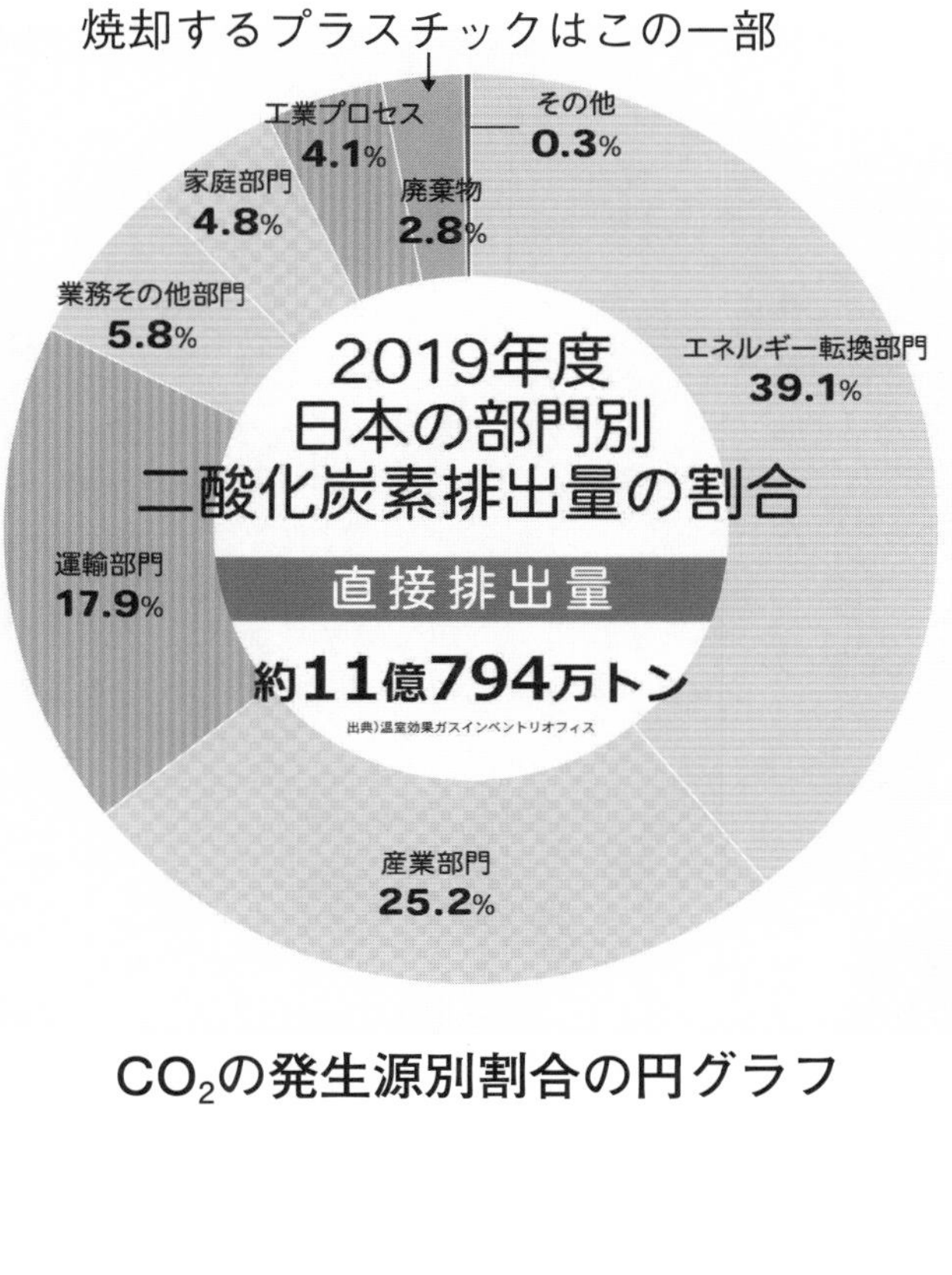

CO_2の発生源別割合の円グラフ

廃プラ処理についての私たちの提案

廃プラ・リサイクル施設からの有害物質による健康被害の体験から

私たちは、住民の生活圏に建設された廃プラの『リサイクル処理施設』から出る悪臭に悩まされ、眼・鼻・喉などの異常、湿疹などの疾患が発生することを体験しています。これらについて医師団は、シックハウス症候群に類似した症状という診断をされました。

廃プラ処理によって、有害ガスが発生し人体に悪影響をもたらすことは、寝屋川市が提案した専門委員会での科学者の意見や、私たちが訴えた大阪地裁での仮処分裁判でも認められました。

このことについては、廃プラを圧縮梱包した時に発生する有害ガスにより、健康被害が生じることを認めた杉並病についての公害等調整員会の原因裁定でも認められています。

今回の住民運動で廃プラのリサイクル処理が有害ガスが空気汚染を起こすこととともに、あらたに施設から発生したブタン類などの揮発性有機化合物（VOC）が太陽光などにより2次反応を起こし、猛毒のホルムアルデヒドや光化学スモッグ発生の原因になっている可能性が明らかになりました。

ほとんどのプラスチック製品は、アルミ・ガラス・紙類などリサイクル（元の材料にもどすこと）ができる物質と違って、プラスチック本来の性質により、元の材料に戻すリサイクルは困難です。われわれが被害を受けている『リサイクル処理施設』で行われていることは、本来のリサイクルではなくて、廃プラを溶融して再製品化することです。

以上のことから、プラスチックごみを「資源の有効利用」や「リサイクル」の名で再製品化することはやめるべきと考えます。

プラスチックゴミによる健康や環境への被害を抑えるには、第一にプラスチックの生産量、使用量を減らすこと、ならびにゴミになったプラスチックを地球上から消滅させるには焼却する以外に方法はないと考えます（一部の国では地下に埋め立てしていますが、廃プラを消滅させることはできません）。

プラスチックは、最小限必要な材料だけを生産し、次善の策として生産したプラスチックのごみは焼却し発電などの熱源として利用することを提案します。

また、現在政府が実施しようとしているプラスチックごみを「リサイクル」する対象を拡大し、リサイクルの名で処理することは事態をより悪化させるものと考えます。

寝屋川廃プラ公害訴訟
原告団・弁護団ニュース

きれいな空気を返してください

―廃プラ処理施設から有毒ガスが―

なぜ裁判所に訴えているのか

寝屋川市で廃プラリサイクルによる公害が起きてしまった

リサイクルによる公害が！

6年前に提訴した寝屋川の廃プラ裁判は、さる7月23日に結審し、判決は来年1月25日です。

循環型社会形成の名で、廃プラもリサイクルの対象にされましたが、廃プラのリサイクル処理により、逆に環境汚染と健康被害が生じたのが寝屋川の廃プラ公害事件です。

科学に基づく判断を

1審では、廃プラ施設からの有毒ガスにより、シックハウス類似の病気が集団発生していることが専門家により立証されました。ところが、判決は、「症状は心因性、加齢のせい」など事実と異なる判断を行い、訴えを却下しました。

平成19年3月　1,000人集会後のデモ行進

控訴審では、さらに先生方により、空気汚染のメカニズム、再度の疫学調査結果、医師の診断が提出され、また住民の体験陳述は75名から提出されました。科学的に公正な判断が求められます。

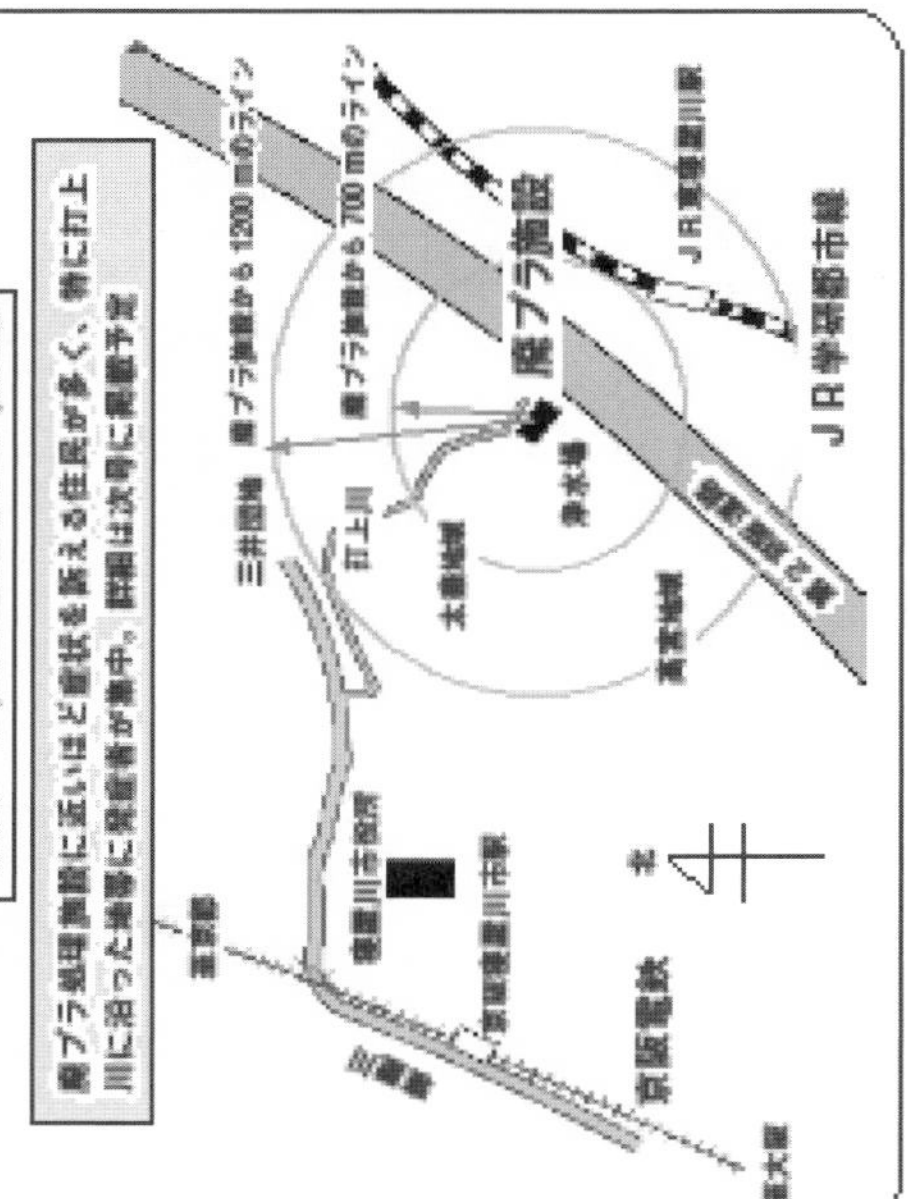

医師の警告を無視しないで

廃プラと健康の問題は、新しい公害問題です。人体実験が続くようなことは許されません。化学物質過敏症の権威である宮田幹夫北里大学名誉教授は脳神経の障害が多くの住民に生じている可能性を診断し、一生を棒に振る人が出ることを警告しています。

一刻も早く、きれいな空気を取戻したい。皆様のご支援を心からお願いします。

廃プラ処理による公害から
健康と環境を守る会
代表　　　　牧　隆三

各界からのエール

全国保険医団体連合会会長
住江　憲勇

公害絶滅のため 全面的に支持します

津田敏秀岡山大教授の疫学調査により「住民の症状は、廃プラ工場操業と強い因果関係を示している」ことは明らかです。健康調査もせず「安全宣言」などは許されません。

私ども全国保険医団体連合会は、「自らの職能を生かして、公害絶滅と被害者の医療確保をする」立場から、原告団に全面的支持を申し上げます。

No. 2　平成22年9月13日

寝屋川廃プラ公害訴訟
原告団・弁護団ニュース

シックハウス類似症状が集団発生

廃プラ処理施設が原因

疫学調査で立証

津田 敏秀 岡山大教授

津田 岡山大教授

平成17年4月、イコール社が操業以降、周辺住民から悪臭とともに、眼・喉・呼吸器の異状や湿疹など健康不調の訴えが起きました。「守る会」は、専門家である津田敏秀岡山大学教授に疫学調査を依頼した結果、次のような結果が報告されました（調査は平成18年に続き22年と2回実施されましたが、同じ結果が得られています）。

平成20年2月1日　4市施設組合の操業開始に周辺住民多数が抗議

操業前後の違い

平成18年夏、イコール社が本格操業後、周辺住民に健康アンケートを配布。回答者1482名を解析した結果、1年前、同社が試験操業開始直後であった時とくらべ、眼、喉、湿疹など皮膚粘膜刺激症状を訴える住民が急増していることがわかりました。

工場の近くで多発

健康アンケートの回答者について工場から700m以内、700〜1000m及び2800mに居住する人について有病率を分析した結果、工場に近いほど有病率が高いことがわかりました（下図参照）。

在宅時間長いほど高い発症率

また、工場周辺の人たちのうち、1日のほとんど自宅の人は、昼間など出向いている人とくらべ、湿疹12倍（工場から700m以内）など、健康障害がある人が特に多いことが確認されました。

疫学調査が因果関係を立証

以上の疫学調査から、津田教授は「今回の結果は『リサイクル・アンド・イコール社』の操業と健康影響の強い因果関係を示している」と明確に結論づけました。

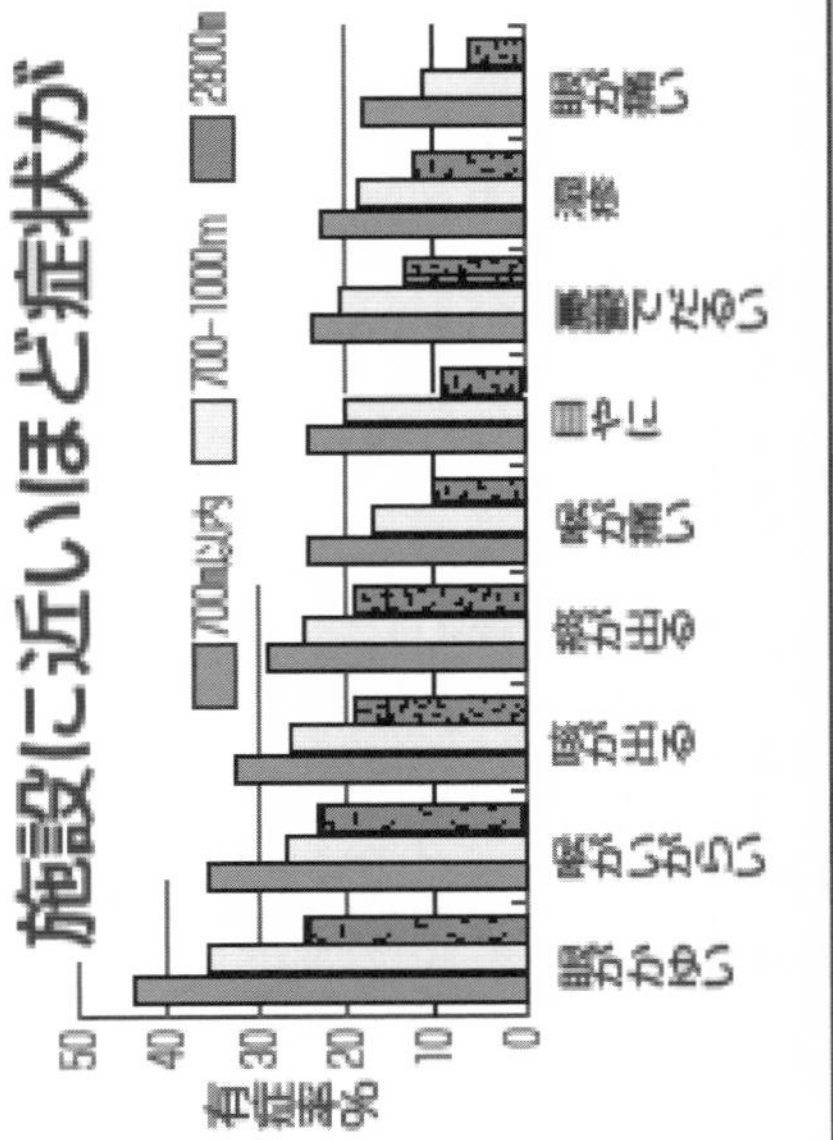

各界からのエール

公正な判決を期待する

大阪市大名誉教授
宮本 憲一

廃プラ処理に伴う公害問題は杉並病に次ぐ新しい重要な化学物質の複合汚染による健康被害であろう。疫学調査や健康調査など被害の客観的な証拠が提出されているので、公正な判決を期待したい。本来ならばこのような住民の請求は大阪府と寝屋川市が対策を取るべきであろう。業者とともに責任を明らかにすべきであろう。

詳しくはパンフレットをご覧下さい
配布員が持っています

寝屋川廃プラ公害訴訟
原告団・弁護団ニュース

受診者に脳神経系の機能障害

空気汚染続けば

人生を棒に振る人続出の可能性も

寝屋川で

化学物質過敏症・シックハウス症候群の権威である宮田幹夫医師（北里大学名誉教授）が、寝屋川の住民11名を診察されました。要点をご紹介します。

宮田医師の診断意見書

気のせいではない

＊ 神経学的検査で受診患者11名全員に神経系の異常が検出された。患者の症状は気分的なものでも、精神的なものでも、ましてパニックなどによるものではない。自律神経系および中枢神経系の身体的な不調から生じているもの。（注　1審判決は「症状は心因性（気のせい）と加齢による」とした。）

＊ 問診と発症時期から考えても、リサイクル施設の稼動からの空気汚染が発症に関わっている可能性は充分検討される必要がある。

＊ 空気汚染からの症状には、粘膜刺激症状、神経・精神症状、アレルギー症状を伴うが、今回の症例はその典型。

汚染物質が直接脳に

＊ 人は、一日15・2kgの空気を体内に取り入れる。飲食物には解毒のための関門として肝臓が用意されている。ところが、空気汚染化学物質には、このような関門はなく、直接血液や脳に化学物質が溶け込む。神経系に障害が生じ易いのは、このためと考えられる。

子どもほど影響が

＊ 物言わぬ子どもほど影響が強く出ている可能性もある。空気汚染化学物質は逃げ場がない。

＊ このような空気汚染下での生活が続くと患者さんが多発、一生を棒に振ってしまう可能性もある。早急な環境改善と患者救済が望まれる。

医師団による健康調査で症状を訴えている人の分布図（●印）

―― 平成20年2月～6月　廃プラ公害調査医師団の調査結果より作成 ――

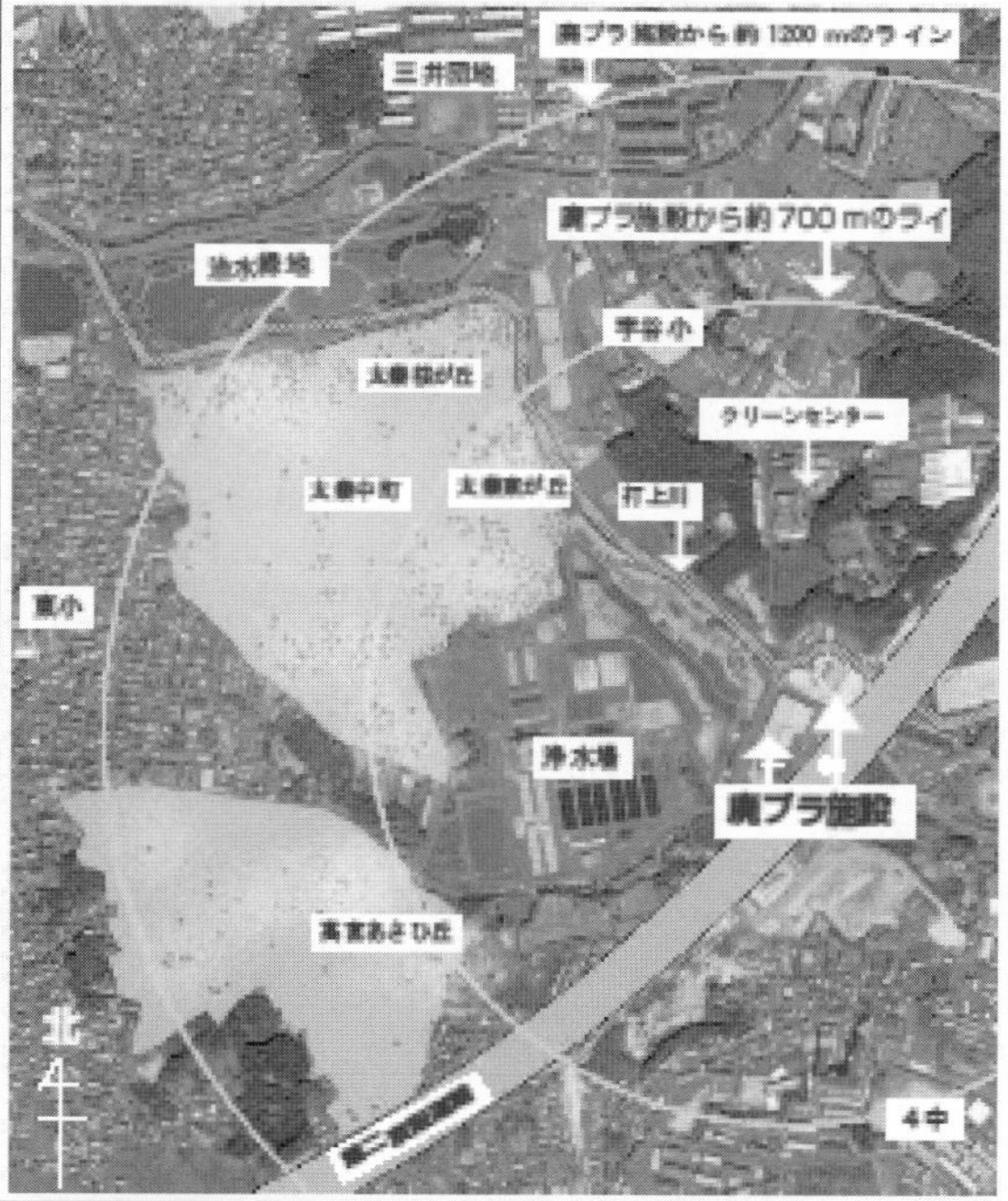

空色は疫学調査で問診票を配布・回収した地域。

京阪電鉄寝屋川市駅東３km及びＪＲ学研都市線東寝屋川駅西北800 mの地域

各界からのエール

西淀公害裁判原告団長
全国公害被害者総行動実行委員長
森脇 君雄

健康被害の根絶を

リサイクルの名による寝屋川での廃プラ公害は、新しい公害です。ところが、多くの住民から健康被害が訴えられているにもかかわらず、健康調査を拒否し続ける大阪府、寝屋川市の姿勢に強い憤りを覚えます。

寝屋川市の廃プラ公害問題を全国的な重要課題として、被害がなくなるまで、住民のみなさんと共にたたかう決意です。

詳しくはパンフレットをご覧下さい
配布員が持っています

寝屋川廃プラ公害訴訟
原告団・弁護団ニュース

地を這うように住宅街へ廃プラ有毒ガス

夜間、特にニオイがきつい

西川榮一 神戸商船大名誉教授 意見書

接地逆転層が形成されやすく 排出ガスが拡散しにくい地形

寝屋川市
廃プラ
施設周辺

北生駒山系のふもとの小高い丘陵に挟まれた打上川沿いの窪地に2つの廃プラ処理工場が立地。その丘陵地斜面から上部にかけて住宅地が展開しており、川沿いに罹病者が集中して発生しています(第3号ニュースの地図参照)。

排出ガスが住宅地に到達するかどうかについて、西川榮一神戸商船大名誉教授が、煙の実験や温度測定による気流の調査結果や地形について意見書を提出されました。要点を紹介します。

接地逆転層

2つの廃プラ工場が立地する窪地では風が弱く、夜間を中心に年中、接地逆転層が形成されている。これは日没とともに昼間と違って地面が冷え、地表付近の気温が下がり、空気層の対流が起こらなくなり空気が淀む現象である。

この接地逆転層に廃プラ処理工場からの有毒ガスが排出されると、ガスの拡散が抑えられ地を這うように住宅地へ到達する。逆に、風の強い日には大気は撹拌され有毒ガスも薄められるので、住宅地でのニオイもあまり感じられなくなることは逆の証左でもある。

写真の右奥に写っているのは寝屋川市の清掃工場の高い煙突から出る煙で、接地逆転層よりもずっと高い所に放出されるので上方に拡散して行く。

住宅地の近くに 廃プラ処理施設は非常識

この廃プラ処理施設の稼動以前から、杉並病などで廃プラ公害の発生は充分予測された。柳沢幸雄東大教授は、法廷において、このような気象や地理的条件のもとで、住宅地の近くに廃プラ施設を設けることは言語道断であり、住民の差止め要求を無視して施設建設を強行した行政の責任は重大であると証言している。

廃プラ工場からの排出ガスの流れを想定する実験

平成20年12月20日早朝

廃プラ施設からの排出ガスは目に見えないので、代わりに焚き火の煙で流れの様子を調べてみた。煙は接地逆転層の中を地を這うように住宅地に到達する。

各界からのエール

東京大学大学院教授
(自然環境学)
山室　真澄

予防原則に則る判断を

廃プラ公害病が発生したと聞き、10年ぶりにふるさと寝屋川を訪ねました。閑静な住宅街が突如、公害病の現場に変わる現実を、直視すべきだと思いました。行政は憲法25条で保障された健康で文化的な生活ができるように努めるべきと思います。ＥＵ(欧州連合)のように予防原則に則り、化学物質汚染で苦しむことの無い国にしていくことが、今こそ求められていると痛感します。

詳しくはパンフレットをご覧下さい
配布員が持っています

寝屋川廃プラ公害訴訟
原告団・弁護団ニュース
No. 5　平成22年10月8日

4割もの正体不明の化学物質を検出

柳沢東大教授が廃プラ工場周辺の空気を分析

シックハウスに似た症状

脂肪族炭化水素とアルデヒド類が高濃度

寝屋川市 廃プラ 施設周辺

柳沢幸雄東大教授は、寝屋川廃プラ問題が起こった6年前から、北河内4市リサイクル施設組合の専門委員会委員として計画の見直しを求め、裁判では工場排出ガスの分析を実施、裁判所に再三意見書を提出されています。

4月16日、控訴審での証言に立たれた柳沢教授による空気の分析結果の特徴を紹介します。

原因物質を突き止める

教授は、廃プラ工場の排出空気には脂肪族炭化水素やアルデヒド類が多く含まれていることを突き止めました。これらの種類の化学物質は住民が訴えている眼や喉が痛いなどの粘膜症状や湿疹など皮膚症状を起こす原因物質であることが明らかにされています。

正体不明の物質は推定有罪の対応を

空気分析の結果、工場付近と周辺住宅地では、工場から2km離れた寝屋川市役所付近より多くの種類の化学物質が検出されました。

物質名を特定できない正体不明の物質が4割にもなることが解明されました。教授は、水俣病など多くの公害の原因物質は、はじめは未知物質であり、この教訓から予防原則に立ち「未知物質は推定有罪の対応を」と力説されています。

未知の物質が 市役所付近の 2倍以上

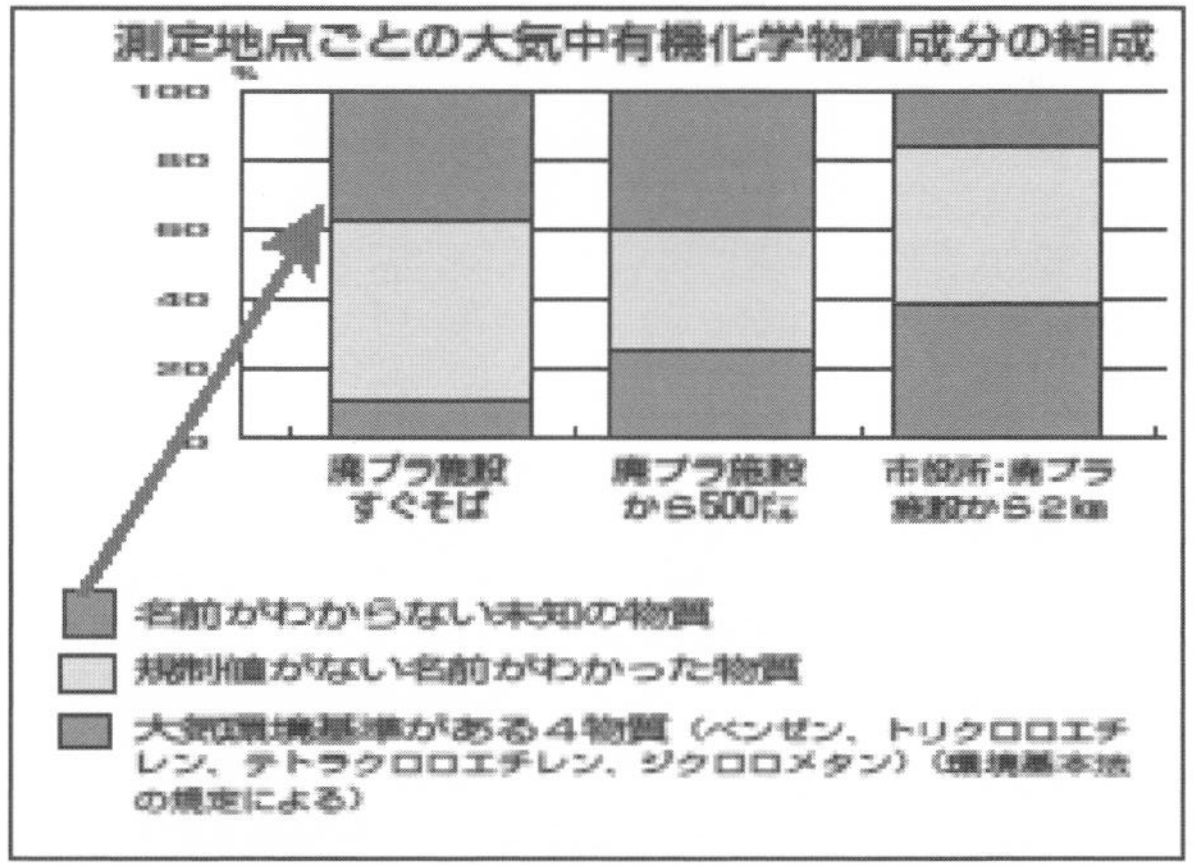

柳沢教授の調査で100種類以上の化学物質を検出。市と府が調査し、市広報で公表しているのは、規制対象物質の11種類のみ。これで安全とはとてもいえません。

各界からのエール

東京大学大学院教授
大気環境学会副会長
柳沢　幸雄

呪文を解いて正しい判断を

「環境対策」という呪文で思考を停止してはいけません。科学技術の進歩に望ましいものとそうでないものがあったように、「環境対策」にも望ましいものとそうでないもの、あるいは実施してもよい場所と実施してはいけない場所があります。寝屋川の廃プラ処理は実施してはいけない場所、温度逆転層が頻発する居住地の傍で行われています。

呪文を解いて、今の世代そして次の世代の健康を守るために、正しい判断をしましょう。

詳しくはパンフレットをご覧下さい
配布員が持っています

No. 6　平成22年10月18日

寝屋川市長「健康被害が発生したら操業停止」

この約束を守れ

5年半も続く人体実験（寝屋川市 大阪府）

健康調査を一切拒否　安全宣言繰り返す

寝屋川市の廃プラ施設が操業をはじめて5年、数百名の住民が健康障害を訴えています。津田敏秀岡山大教授による2度の疫学調査と医師による診断は、健康被害の集団発生を明らかにしました。しかし廃プラ処理事業をすすめる寝屋川市及び「4市施設組合」・大阪府・イコール社は、健康調査を拒否し、被害を認めません。寝屋川市・大阪府は「調査した化学物質（11種類）が基準以下である」からとしていますが、環境大臣の答弁からも明らかなように、この理由は全く成り立ちません。

環境大臣が指摘

「（調査した）物質以外も関係するかもわからない」

平成20年6月、鴨下環境大臣（当時）は参議院行政監視委員会において、寝屋川市の廃プラ施設による公害問題について「施設周辺の環境調査の結果は、大気環境基準等を下回る結果と聞いているが、モニタリングをしている物質以外のものも関係するかも分からないので、引き続き動向を注視してまいりたい」と答弁しています。

寝屋川市・大阪府が調査した化学物質は11種類。汚染化学物質の1割です。調査されていない9割の物質は安全が確認されていません。

市長の公約どこへ

平成17年3月、市議会において馬場好弘寝屋川市長は「健康被害が発生したら操業停止を申し入れる」と答弁しました。ところが、現在、市長は健康被害の事実を示されても、「基準以下だから健康調査しない」と繰り返しています。

健康被害を訴える住民の家より400ｍ先の廃プラ工場をのぞむ
左側４市組合（「かざぐるま」茶色）、右側イコール社（薄緑）

2つの廃プラ施設の位置

各界からのエール

岡山大学大学院環境学研究科（環境疫学）教授
津田敏秀

寝屋川公害事件は民主主義の問題

住民の訴えに対し、現在、健康被害があると言う調査報告はあっても、健康被害がないと言う調査報告はないのである。住民は保健所などに調査を依頼しているが、理由もなく断られている。仕方なく住民が自分たちで調査をすると、司法も「住民が自分たちでやった調査だから信用できない」と認めない。寝屋川の問題は、実は民主主義の問題である。

詳しくはパンフレットをご覧下さい
配布員が持っています

寝屋川廃プラ公害訴訟
原告団・弁護団ニュース
No. 7　平成22年10月26日

裁判所は健康被害の事実認定を！

医師らによる立証は明白

真鍋医師の診断結果 保険医協会誌に発表

来年1月25日、寝屋川廃プラ公害裁判の控訴審の判決が言い渡されます。平成20年9月の1審判決では、裁判所は「健康被害は心因性、加齢」によるとし、健康被害はないとしました。控訴審では、医師による診断や再度の疫学調査が証明している健康被害の事実を認定するかどうかが問われます（裏面に「裁判の争点」を掲載）。

診察結果はWHOの定義に合致

「月刊保団連10月号」（全国保険医団体連合会機関誌）に、真鍋穰医師による論考「リサイクル＝エコロジーの名による新たな公害」が掲載されました。

真鍋医師は本年6月、有症状を訴えた住民33人を診察しました。その結果、WHO（世界保健機関）によるシックビル症候群（日本ではシックハウス症候群と呼称）の定義に当たる次の症状に苦しんでいることが明らかになりました。

(1)目・鼻・のどの粘膜刺激症状
(2)皮膚の紅斑・じんま疹・湿疹
(3)倦怠感
(4)頭痛・気道感染の頻発
(5)呼吸困難
(6)原因のはっきりしない過敏症
(7)めまい・吐き気・嘔吐

シックゾーンと名付ける

真鍋医師は本件地域の病気について、地域の空気が汚染された結果によるとし、「シックハウス」ならぬ「シックゾーン」と呼ぶことを提案されています。また、シックハウスの特徴はその場を離れると軽快することであるとされ、本件では地域を離れると軽快する人が24人と多数であるとされました。

ここで食い止めなければ

同医師は、シックハウス症候群同様のVOC（揮発性有機化合物）による健康被害の特徴を持つと指摘しています。

真鍋医師は「廃プラスチック再処理による健康被害をここで食い止めなければ、過去の公害同様、将来に禍根を残すことになろう」と締めくくられています。

寝屋川市
廃プラ
施設周辺

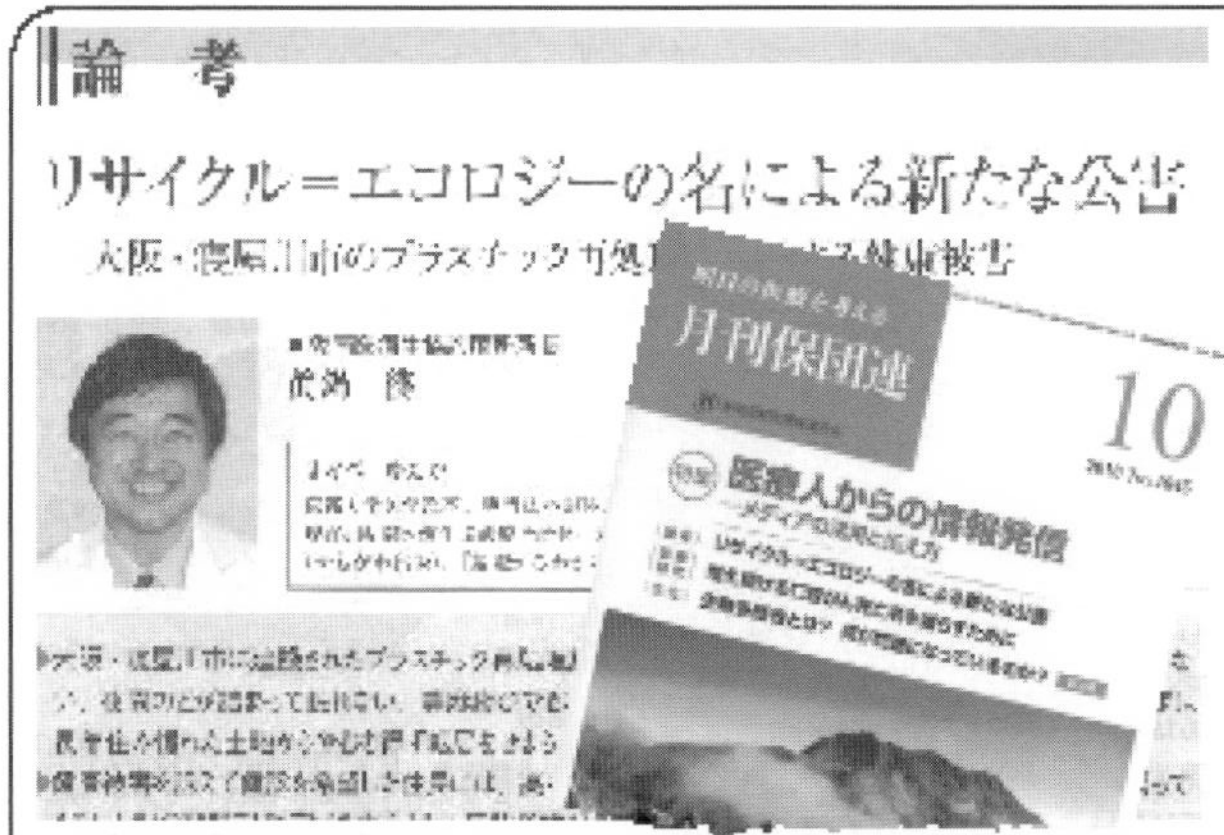

真鍋穰医師の論文「リサイクル＝エコロジーの名による新たな公害」が掲載された「月刊保団連 10月号」（全国保険医団体連合会機関誌）

各界からのエール

元朝日新聞論説委員
週刊金曜日の編集長
岡田　幹治

新しい公害 寝屋川訴訟に期待

寝屋川のみなさんを苦しめているのは新しい公害です。プラスチックは、熱や機械的作用（破砕や圧縮）を受けると、有害な物質VOC（揮発性有機化合物）を空中に放出します。VOCによる公害は、これまでの公害とはずいぶん異なり、行政も司法もなかなか認めようとしません。

しかし寝屋川のみなさんは、良心ある科学者たちの協力を得て、健康被害の原因が廃プラ処理施設にあることを立証しています。さらなる工夫と努力で司法と行政を動かしてください。

詳しくはパンフレットをご覧下さい
配布員が持っています

住民が北川法夫氏に健康障害を訴え

3月19日、太秦第2ハイツ公民館において、健康障害に苦しむ住民が、「市民の声に耳を傾ける」とする北川法夫氏に訴えました。20名ほどの住民がそれぞれ症状を語り、きれいな空気を取り戻したいと、切実な要望をこもごも訴えました。

北川氏は府会議員として寝屋川市廃プラ問題を取り上げたこと（注）、そして今、平成30年新クリーンセンター建設の中で、廃プラ処理をふくむごみ行政を抜本的に見直す決意を述べられました。

（注）**北川法夫氏の寝屋川市廃プラ問題の質問から**　（平成20・7・17府議会環境農林常任委）

私は廃プラは熱回収で電気を作ったり、循環型社会の方向にもっていこうと提案しています。

毎日新聞の報道で、寝屋川病という病気が本当に出ておれば、大変な問題です。一方では、このリサイクルに高コスト、余計な税金が使われていくという、こういうところを節約して、本来、府民の健康や命、教育に金を回していくべきと思います。

（平成20・10・7 環境農林常任委員会）

においが発生し、住民の皆さん方みずから、私もそのにおいはきいております。そういう施設を自治体が整備して、周辺住民に不安を与えることがあってはならない。しかし、現実としてそういう問題が起こった。

廃プラの処理方法について、廃プラスチックのマテリアルリサイクル（イコール社の製造方法）には、効率性、経済性、環境負荷の観点から疑問がある。これは焼却処分—エネルギー回収をしたほうがよい。（現在、東京都も同じ）

住民の皆さん方に不安感を与えたり、再商品化施設の中で熱処理をしているところからいろんな物質が出ている事実、においとVOCの数値が非常に高いということでさらに不安感を与える。このことに対して、行政側はもっと先駆的な取り組みをされ、住民の皆さん方の不安を一掃されることを要望します。

健康被害を否定する裁判所、公調委の決定は不当

今回、「守る会」からの質問に対し、南部氏、宮本氏は、いずれも「廃プラ施設による健康被害はない」とする裁判所、公調委の判断を肯定されています。大変残念なことです。

「守る会」は、廃プラ公害を根絶するまでたたかうことを、あらためて表明します。

岡山大学・津田敏秀教授（環境疫学）

らは、住民へのアンケート調査結果（疫学調査）から、廃プラ施設に近い住民ほど、症状を訴える人が他の地域より多いことが明らかになりました。これは、国際学会誌（英文）に学術論文として掲載されました。

裁判所、公調委はみずから調査をせず、津田教授らの疫学調査結果を不採用にしました。

公害等調整委員会の判断は基本的誤り　宮本憲一（大阪市大名誉教授、元滋賀大学学長）

公調委の裁定は、疫学による調査の認識に誤りがあると思います。何よりも住民の健康と生活環境を守るという基本的な立場に欠けていることが、このような裁定を生んだのでしょう。

寝屋川廃プラ
ウオッチングニュース85号
平成28年11月 発行人：牧 隆三
廃プラ処理による公害から健康と環境を守る会
連絡先☎072-824-5963

全市あげてのごみ減量の必要を確認

私の目
あなたの目
みんなの目

サーマルリサイクルの実現へ

「守る会」と市・環境部が懇談　60名が参加

10月31日「守る会」と市環境部の懇談会で熱心な意見交換が行われました。

【環境部の説明】

○建設中の新クリーンセンターで廃プラ（ペットボトルを除く）を燃やし、サーマルリサイクルを実施するには、可燃ごみの大幅な減量が必要なことが明らかになりました。

○その原因は、可燃ごみの減量が計画通り進んでいないことです。

○市民に可燃ごみの減量の重要性を説明し、協力を得なければなりません。

【「守る会」の要望、参加者の意見】

○**「材料リサイクルに適さない廃プラは燃やし、ごみ発電に使う」**との市長の方針を支持します。

○**生ごみの七割は水分です。**1軒で毎日コップ3分の1の**水切り**をすれば、水分を4分の1減らせます。市民に一層の協力を求めてください。

○家庭系の紙類のうち**雑紙**《ざつがみ》などの多くが分別されず燃やされています。分別すれば可燃ごみ数千トンの削減が可能です。

○現在分別されていない**事業系ごみの資源化可能ごみ（紙類3千トンなど）の回収を強く指導してください。**

ごみ減量

サーマルリサイクルで 1石6鳥

1. ごみ処理にかかる経費（25億円）が少なくなる
2. 廃プラの焼却でゴミ発電量が増えます。（売電予定額1億円が増額）
3. 洗ったり分別したりの手間がなくなる
4. 迷惑施設「かざぐるま」がなくなり、費用がゼロになる（分担金1億円削減）
5. 健康被害の元が断たれる
6. 廃プラを燃やせばダイオキシン対策にもなる。（高温燃焼のために役立つ）

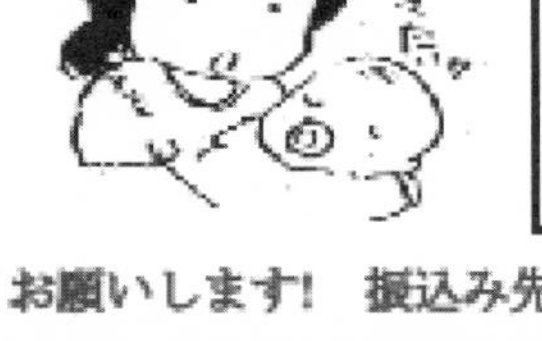

市民アンケート並びにごみ質分析の結果　市が公表

廃プラの処理方法について　市民アンケートの結果

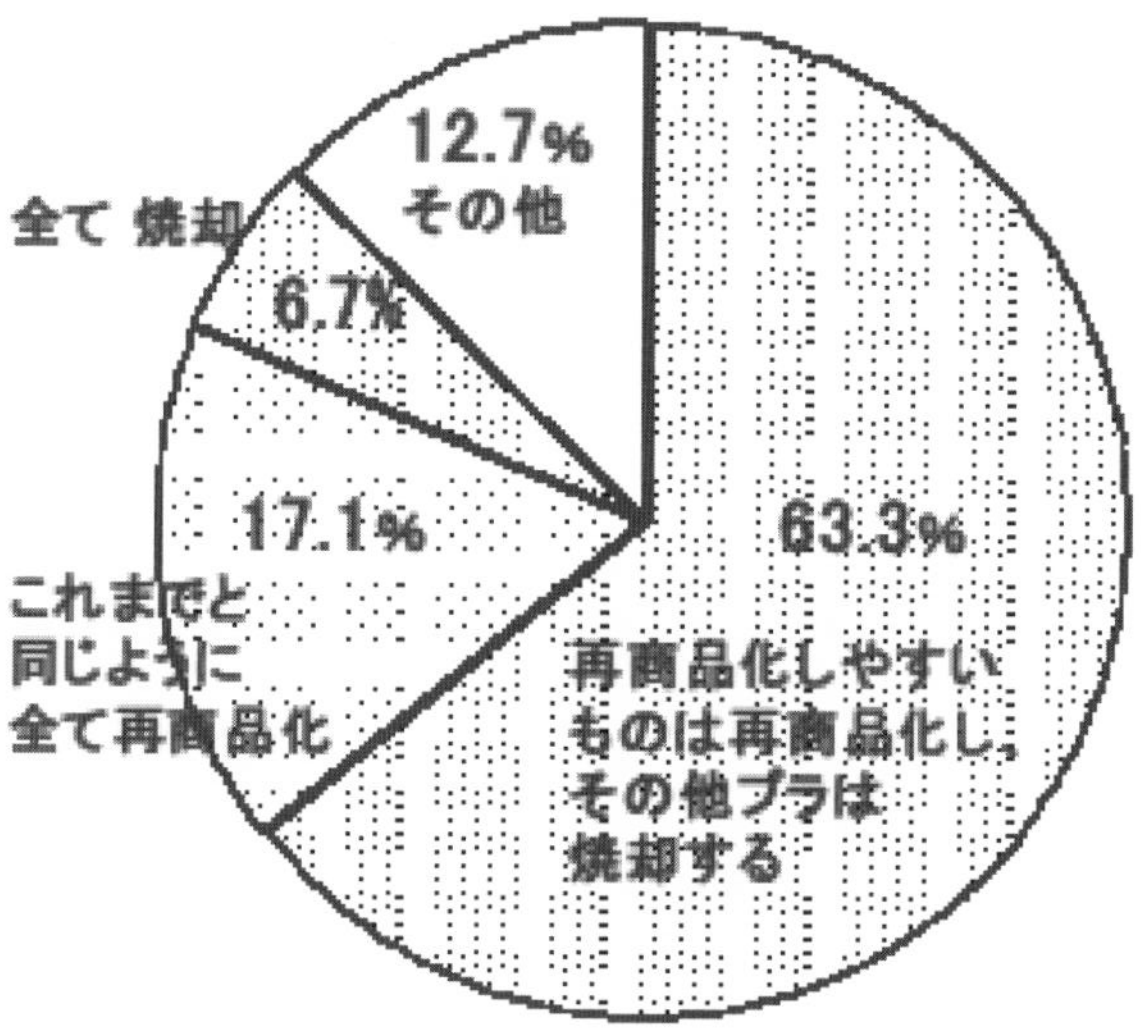

市が発表したアンケート結果のうち、廃プラの処理についての質問では上図のような回答がありました。

廃プラ（ペットボトル等一部を除く）は焼却して発電に使うサーマルリサイクルを望む回答が多数です。

みんなで実行すれば 可燃ごみの減量はできます

市が行った「ごみ質分析」により、ごみの成分の比率や重量が明らかになりました。

その結果、下記の紙類など資源化可能なごみは回収し、生ごみの水切り、手付かず食品ごみなどを減らせば可燃ごみの大幅な減量ができる事がわかりました。

○家庭ごみのうち、可燃ごみは３万ﾄﾝ、そのうち**資源化可能な紙類は5,000ﾄﾝあります。**

「手付かずの食料品」が2, 100ﾄﾝもあり、計画的な買い方や水切りの浸透等を呼びかけてゆく（環境部）。

○事業系ごみ２万ﾄﾝ弱が分別されずに、焼却されています。

事業系ごみのうち**資源化可能な紙類は**

・**食料品店等**	1,333ﾄﾝ	
・**オフィスビル**	1,058ﾄﾝ	
・**飲食店街**	436ﾄﾝ	
・**スーパー**	167ﾄﾝ	**合計3,000ﾄﾝです。**

（市民の声）

※うちの自治会でも業者による集団回収を徹底するようにしています。雑紙の回収によりいっそう収入が増えています。業者への販売額と市の助成金（１ｋｇあたり６円）あわせて、自治会費の約半分に当たる７０～８０万円の廃品回収の収入があり、子供会や老人会への予算などにも使っています。

※資源ごみの集団回収はリサイクルに役立ち、ゴミ減量になり、自治会の活動費が増えます。まさに一石三鳥です。

真鍋穣医師による診察のご案内
１１月２９日（火）午後２時３０分～４時３０分
１２月２７日（火）午後２時～４時
小松病院本院の「ハイプラ外来」にて受付
診察ご希望の方は「守る会」事務局　長野　電話・ファックス８２４－５９６３までご連絡ください。

寝屋川廃プラ
ウオッチングニュース８９号
平成31年冬季　発行人：牧 隆三
廃プラ処理による公害から健康と環境を守る会
連絡先☎072-824-5963

「かざぐるま」廃止を９３％ ― アンケート結果
今も続く健康不調、悪臭明らかに

廃プラ公害をなくす運動を始めて十四年、裁判や公調委の決定結果にもかかわらず、廃プラによるシックハウス類似の症状（眼や喉が痛い、咳、鼻水が出る、湿疹など）の方が今も治療を受けています。一方、「まだ運動しているの」と言われる人もおられます。

そこで、「守る会」は改めて廃プラ施設周辺の住民の健康やニオイの有無、「かざぐるま」や、ごみ減量についてアンケートを実施し、その結果についてまとめました。表をご覧ください。なお、アンケートの対象は廃プラ施設周辺地域二百名の方に、対話による聞き取りを基本に行いました。回答率は六五％でした。

廃プラ アンケート 2018. 10.　　サンプル総数131人に対するパーセント表示

質問①			質問②			質問③			質問④			質問⑤		
廃プラのせいと考えられる症状がありますかか？			廃プラのニオイを感じたことがありますか？			リサイクルに適さない廃プラはごみ発電に利用するという市の方針について			4市の廃プラを集めて処理している「かざぐるま」は			ごみ減量プロジェクト「1万トン減らそう未来のために」をご存知ですか？		
ない	あった	今もある	ない	あった	今もある	賛成	反対	わからない	無くして	現状でよい	無回答	知っている	知らない	無回答
41	52	**34**	27	66	**44**	69	10	21	93	2	5	79	19	2

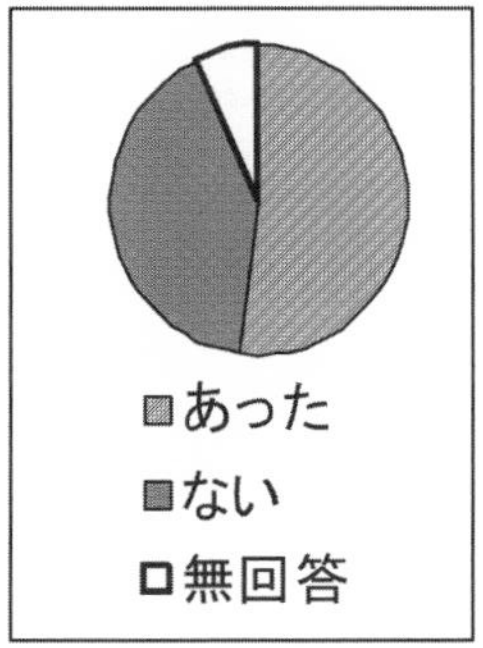

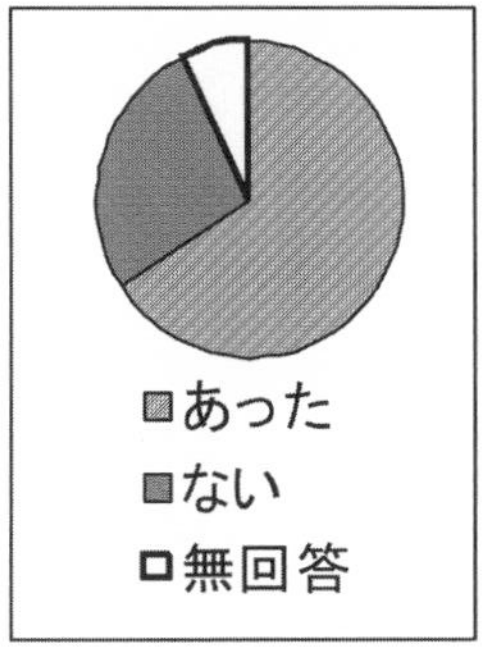

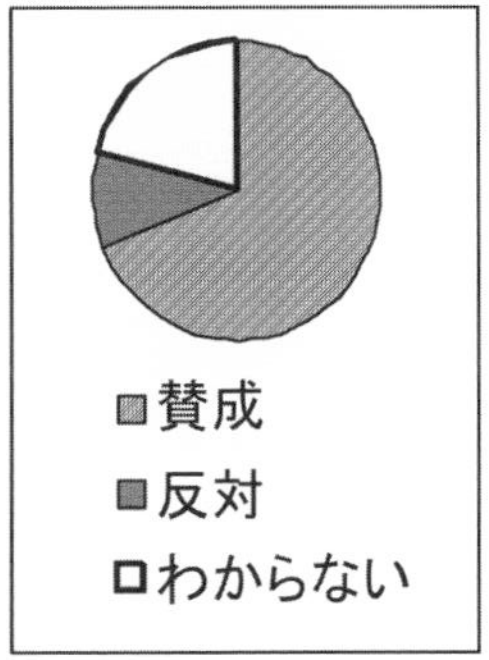

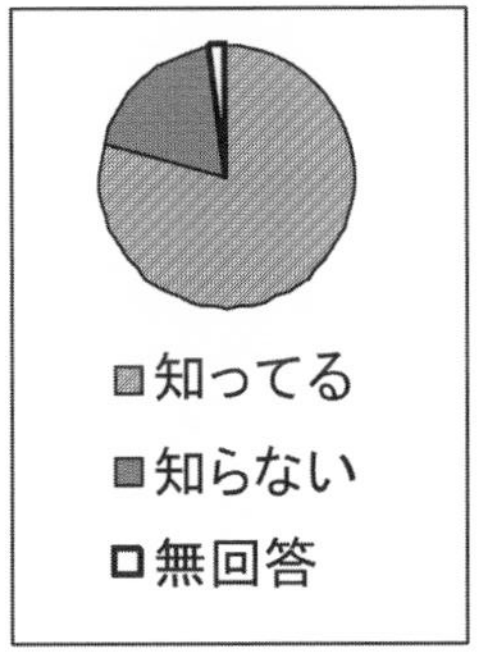

（コメント）　①健康被害やニオイを嗅いだことのない人も含め四市施設組合（かざぐるま）の廃止を望む方が９３％と圧倒的でした。現状でよいという方は今回２％でした。

②健康不調や悪臭を感じている人が最高時より減っているものの予想したより多いことが分かりました。

③「かざぐるま」を廃止した後、一部を除き廃プラはごみ発電に使うことや、可燃ごみ１万トン減量の方針は知っているが、減量の実現なしには廃プラをごみ発電に使えないことを知らない方が約３０％おられ、市の意向が十分浸透していないことが分かりました。

④今回質問していませんが、雑紙として本や雑誌もしてリサイクルできることがまだ十分知られていないことが対話で分りました。

資料

1　大阪地裁仮処分　申請人六九〇名

2　裁判

大阪地裁原告二四名、大阪高裁一二名　公調委　申請人七三名　裁判、公調委での原告・申請人団長・牧隆三

3　弁護団　村松昭夫（弁護団長）、津留崎直美、池田直樹、原正和、高橋徹、岡千尋、望月康平

4　裁判、公調委原因裁定などへの意見書等提出（肩書は当時）

樋口泰一（大阪市立大学元教授）、楠田貢典（大阪市立大学元教授）、植田和弘（京都大学教授）、柳沢幸雄（東京大学教授）、津田敏秀（岡山大学教授）、頼藤貴志（岡山大学助教）、西川榮一（神戸商船大学名誉教授）、宮田幹夫（北里大学名誉教授）、後藤隆雄（神戸大学）、真鍋穣（医師）、安達克郎（医師）

大阪高裁へ住民意見書提出一二三〇名

裁判の公判・公調委での審問での住民の陳述多数（ただし高裁での健康被害のある住民の陳述は認められなかった）

5　ご協力していただいた方（順不同）

宮本憲一（大阪市立大学・滋賀大学名誉教授、日本環境会議代表理事）、山室真澄（東京大学教授）、水越厚史（東京大学柳沢研究室研究員・博士）、久志本俊弘（大阪から公害をなくす会）、岡田幹治（朝日新聞元論説委員・『週刊金曜日』元編集長）、小椋和子（元東京都立大学）、藤永のぶよ（ＮＧＯおおさか市民ネットワーク代表）、森脇君雄（公益財団法人公害地域再生センター（あおぞら財団）名誉理事長）、原田佳明（小松病院医師）、勝木渥（信州大元教授）

6　ご支援していただいた市民団体（順不同）

大阪から公害をなくす会（労組、婦人団体、業者等の民主団体含む）、全国保険医団体連合会、全国保険医団体連合会寝屋川支部、大阪民主医療連合会、大阪民主医療連合会けいはん医療生協、日本環境学会、日本科学者会議

7　廃プラ処理による公害から健康と環境を守る会（「守る会」）

代表・牧隆三　副代表・北田嘉信　事務局長・長野晃　幹事二五名

守る会の活動年表

西暦	平成	事件　調査　運動
2004	16	2月イコール社都市計画決定　開発、建設等許可 4市組合施設の建設計画発覚　4/10説明会「守る会」立ち上げ ２回にわたる８万署名（市長要望　市議会要請）9/27裁判報告会　650人参加 4月市開発審査会・建築審査会に再審査請求のちに却下４市組合専門委員会（９月～翌３月） ４市組合発足　大阪地裁に仮処分申請　9月イ社試験操業
2005	17	３月専門委員会報告書　３月1,000人集会　４市都市計画決定　3月仮処分却下 ４月イ社一部操業開始　住民から健康被害の訴え始まる 8/3本裁判提訴　健康調査アンケート実施
2006	18	４月イ社本格操業　市に悪臭対策要求　保険所に健康調査申し入れ　疫学調査 7月疫学調査　柳澤調査裁判所に提出
2007	19	4月廃プラ公害反対の長野邦子市長候補が45％得票　府市環境調査　６月市議会に健康調査を求める請願
2008	20	1/20裁判報告集会700人　２月４市組合操業開始　４月橋下知事４市組合視察 4月市長選挙で廃プラ施設反対を表明した市長候補、長野邦子氏が得票率45％獲得　府市環境調査　健康調査申入れ ６月参院行政監視委員会で厚労相・環境相前向き答弁 7/4馬場市長違法公金支出返還裁判判決 7/10～12毎日新聞に廃プラ病記事連載 9/18一審判決　10/3高裁提訴　12/20煙による気流実験
2009	21	1/10～25【測定】風向風速 2/3初公判　4/14第２回公判「西川意見書」煙実験報告　6/9第３回 4/14～20毎日10時と22時　キャニスタ精密測定 7/28第４回「柳澤意見書」9/8第５回公判「医師３名の意見書」 9/27寝屋川市民会館大ホール「報告集会」650人参加　10/29第６回
2010	22	パンフ発行「新しい公害寝屋川廃プラ公害病とは」 1/27第８回公判　4/16第９回公判「柳澤承認尋問」傍聴100人以上 7/23第10回公判結審　9/6～10/26　７週間にわたって高裁前でビラ配布
2011	23	1/25二審判決　2月公調委に原因裁定を51名が申請（最終的に73名）8/2第1回審問 2/26小ホール「廃プラ公害をなくす新スタート住民集会」 7/17寝屋川市民会館大ホール「講演会」柳澤・西川・津田・眞鍋 600人参加

2012	24	1/31現地調査　2/23第2回審問　5/28第３回審問 4/15地下ホール　報告会「明らかになった廃プラ病」頼藤先生　140人参加 8～10月　周辺地域８０００軒に健康アンケート調査 5/15弁護士「職権調査に関する要望書」 8/29「職権による大気等調査について案」 11/27第４回審問・裁定委員現地調査
2013	25	1/19～26公調委現地調査（測定） 2/18第５回審問　2/19第６回審問 9/25公調委の調査状況について報告会 9/30柳澤教授「公調委環境調査意見書について」 10/24弁護士「職権調査報告書並びに専門家意見書についての質問」 12/10公調委による調査結果説明会
2014	26	11/19公調委裁定　真鍋穣医師による廃プラ診療、月一回はじまる。現在継続
2015	27	1/18「廃プラ報告会」 4月廃プラ施設反対を表明した北川法夫市長誕生 北川市政のもと4市組合廃止に向け市と「守る会」が協議。健康被害を市に訴え、懇談
2015 ～ 2019	27 ～ 31	北川市長「リサイクル困難な廃プラのごみ発電」を表明、可燃ごみ1万トン減量政策を発表
2019	31	広瀬市長が北川市政を継承

●装幀——大津トモ子

廃プラ・リサイクル公害とのたたかい
－大阪・寝屋川からの報告－

2021年11月30日　第１刷発行
編　者　廃プラ処理による公害から健康と環境を守る会
（連絡先）長野晃
〒592-0843　寝屋川市太秦中町29-23
TEL 090-5242-7662（faxなし）
FAX 072-826-1496（北田義信）
Eメール　inokan14960@nifty.com
発行者　山崎亮一
発行所　せせらぎ出版
〒530-0043　大阪市北区天満1-6-8 六甲天満ビル10階
TEL. 06-6357-6916　FAX. 06-6357-9279
郵便振替　00950-7-319527
印刷・製本所　尼崎印刷株式会社

 ISBN978-4-88416-282-5

せせらぎ出版ホームページ　https://www.seseragi-s.com
メール　info@seseragi-s.com